国家地理图解万物大百科

能量与运动

西班牙 Sol90 公司 编著 李 莉 朱建廷 译

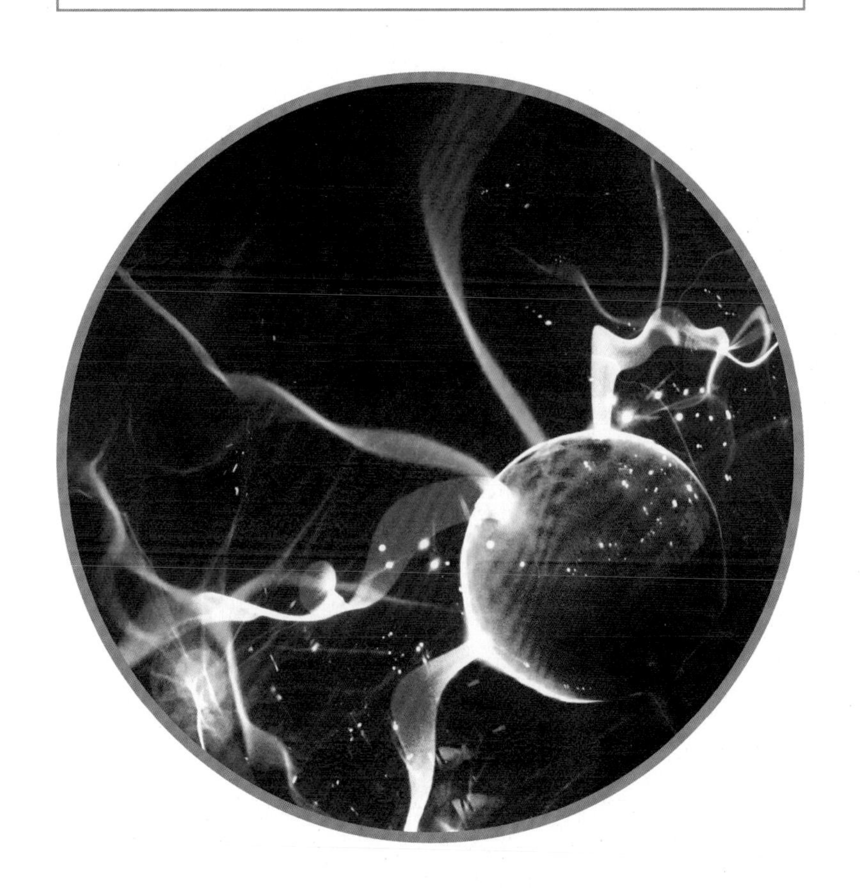

江苏凤凰科学技术出版社 · 南京

目 录

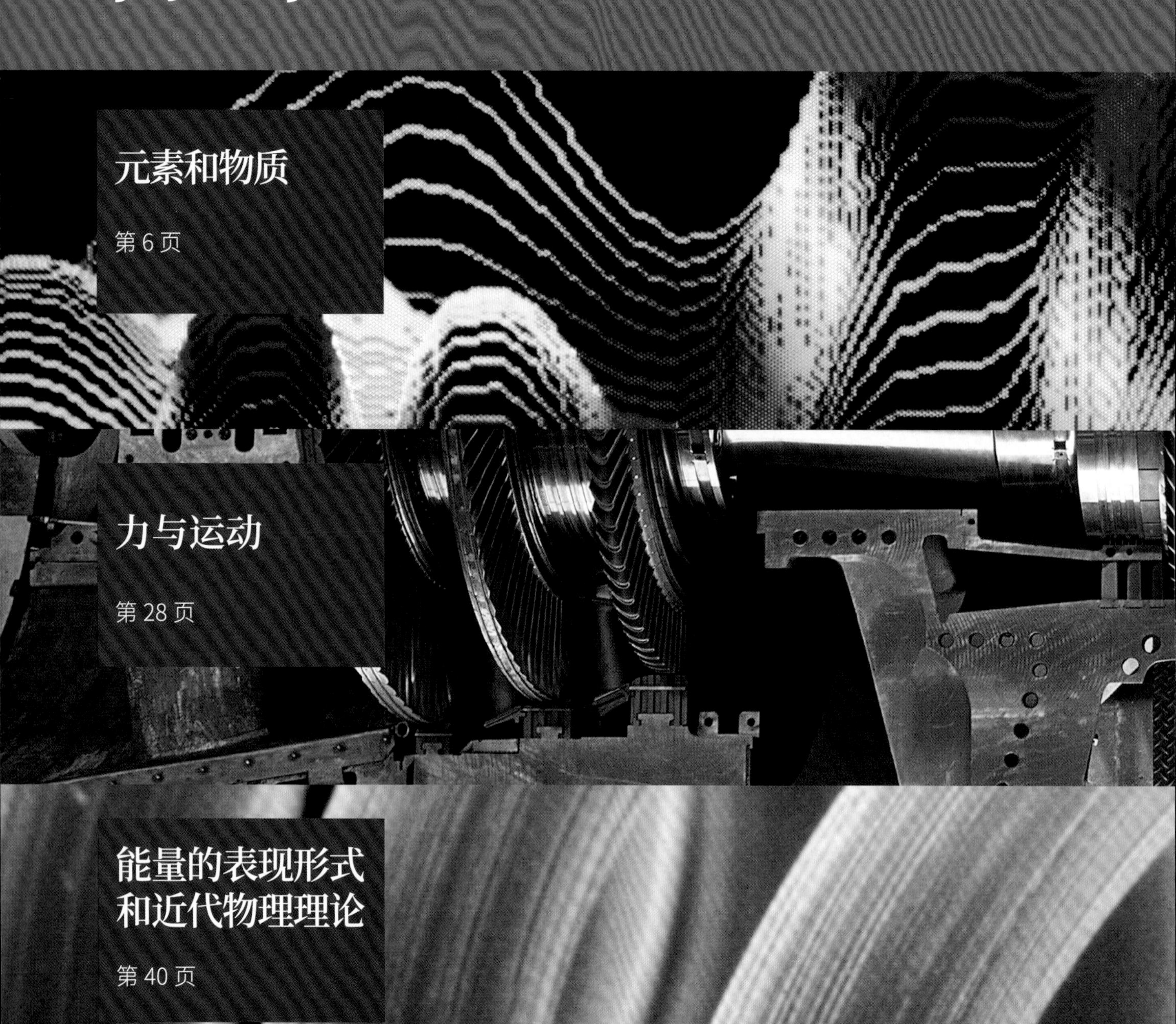

推动世界的引擎

那一刻已被人们永久地遗忘，但毫无疑问，那一刻是如此接近人类起源，人们从那一刻开始自问世界是如何运作的，它又是由什么构成的。这 2 个问题的早期答案是以超自然解释的形式出现的。但是，随着知识的增长，人们发现某些物理定律在支配着自然，而且事实上这些定律是人类可以凭借智慧掌握的。

本书汇集了由上述 2 个早期基本问题引发的众多发现。这些发现都是数千年艰苦研究的成果，研究过程中人们不断求证，也

能量流动
能量是物质运动的一种量度，以不同的形式处处存在。能量以及物质构成了宇宙中发生的所有现象的基础。

不断犯错。这是一段绵延了很多个世纪的误解史，也是为那些提出革命性观念的科学家带来欢呼、有时候甚至带来死亡的历史。

我们将从探索事物由什么组成开始。在我们的假想实验室里，我们将分析不同物质和元素*的特性。在一台虚拟显微镜的帮助下，我们将研究构成化学元素的基本单元和化学变化中的最小微粒——原子，以及在过去几十年所发现的所有构成原子的基本粒子。我们还应该根据元素和分子的主要特征对其进行分类，并分析影响我们日常生活的所有物质，比如塑料和金属。

我们专门讲述了那些新出现的、令人惊异的材料，比如气凝胶、碳纤维和碳纳米管等。接下来，在天才艾萨克·牛顿的引导下，我们将探索物体以何种方式运动、为何运动，以及物体运动的力量来自何处。我们还将探索大自然最大的奥秘之一——引力。

随后，我们要学习增加力量的技巧，以及如何据此更轻易地完成那些本来对人类而言很繁重甚至不可能完成的工作。无论如何，如果没有能量，自然界就不会有运动和变化。因此，在本书的后半部分，我们将专门用一些篇幅来研究能量。我们会发现我们可以根据能量的特点对其进行分类，并以非常简单且富有启发性的方法来解答一系列常会遇到、但答案十分复杂的问题，比如“什么是光”“什么是热”，以及“什么是火”。我们应该非常认真地研究声、电、磁等现象。利用阿尔伯特·爱因斯坦令人惊叹的相对论，我们将会了解，常规的物理定律在巨大的力或质量面前会有不同的表现，就像它们在宇宙尺度上表现的那样。我们还会了解到，空间和时间对于每件事物或每个人并非总是相同的或是一个常数，它们会随情况的不同而变化。当我们在分子或原子层面上研究自然时，将发现某些类似的东西。这可以让我们准备好接触量子世界，一个神奇的领域，颇像爱丽丝通过一面镜子进入仙境漫游探险。这个世界将为我们展现很多难以置信的现象，比如粒子可以像幽灵一样穿越看似不可逾越的屏障，以及粒子看起来会同时出现在2个不同的地方。

在结束这次奇妙的科学和想象之旅之前，我们将全面回顾人类可用的各种能源。我们应该研究每种能源（绿色的、污染性的、可再生的以及不可再生的）的优势和劣势，包括那些尚未被找到、但能在未来为我们打开更清洁之门的能源。只要你喜欢，随时可以开始这次神奇的旅行：你只需翻开这本书。

* 元素一指要素，即构成事物的必要因素，二指化学元素（简称元素），本书中出现的“元素”一词绝大多数指后一种释义。

元素和物质

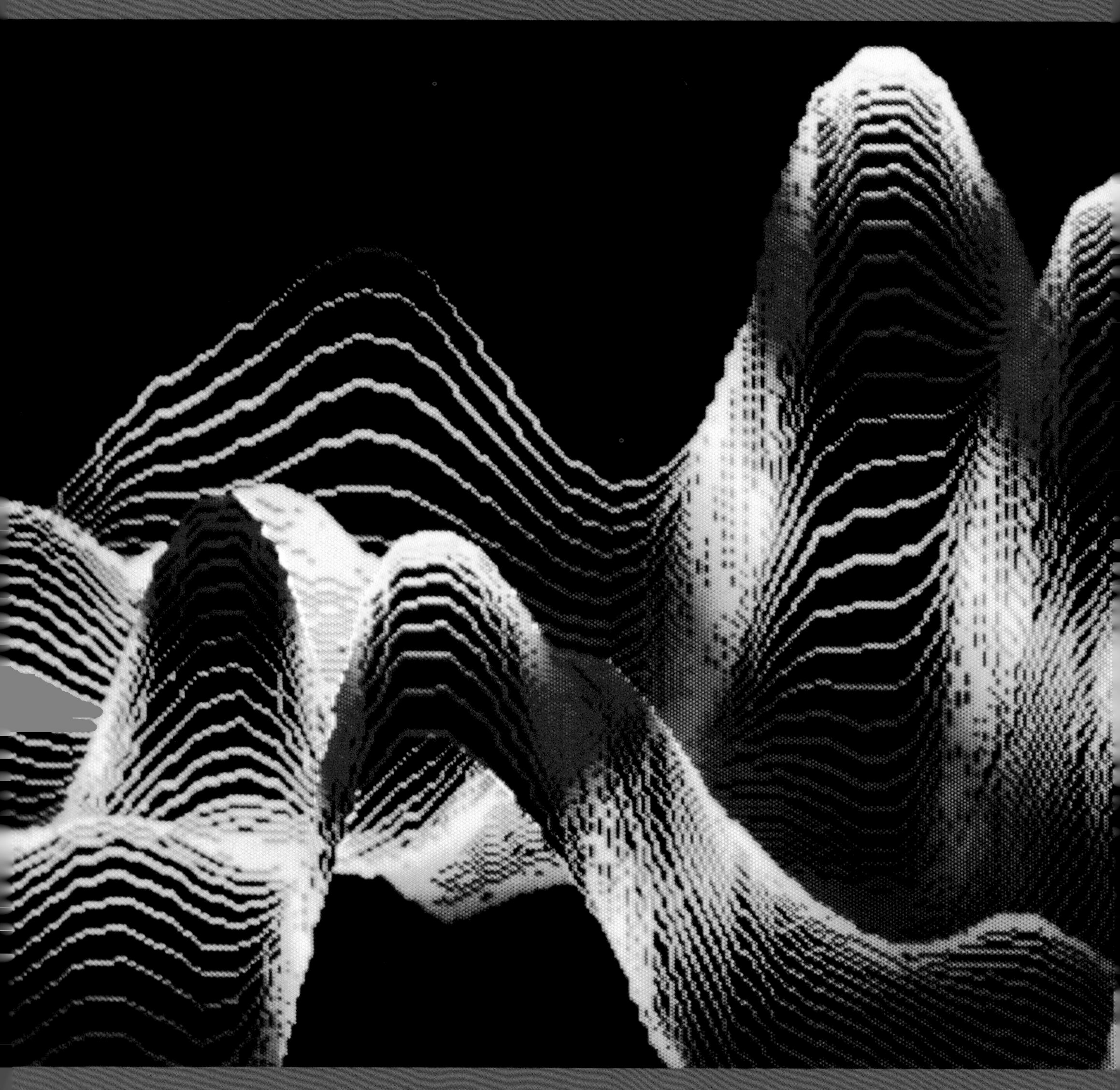

在2 000多年前，古希腊哲学家德谟克利特产生了一个伟大的想法，他认为，所有物体都是由小到不可分割的粒子组成的，他将这种粒子称为原子。就在同一时期，许多其他的古希腊哲学家则认为，所有物体都是4种基本元素——土、气、水和火组合的结果。现在我们知道，原子可以继续分割，而我们周围的物质是90多种自然

纳米科技
扫描隧道显微镜（STM）是利用量子理论中的隧道效应探测物质表面结构的高分辨率非光学显微镜，其分辨率可达原子水平，在纳米科技中既是重要的测量工具又是加工工具。

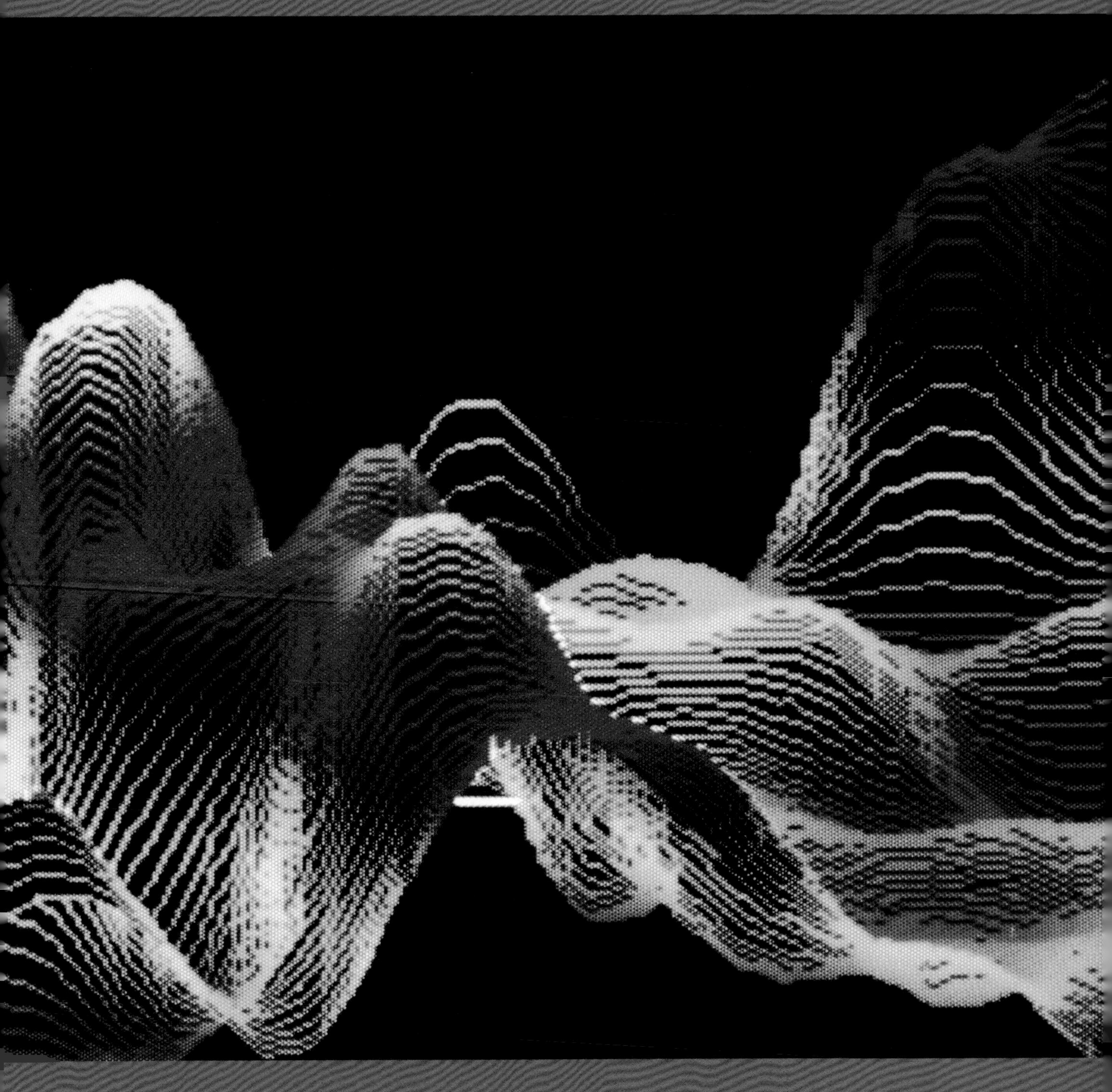

元素的组合。我们还将更深入地了解物质结构以及原子结合的方式，这有助于我们创造新的材料，比如质量更轻也更结实的结构材料以及导电性更好的电缆（由一根或多根相互绝缘的导电线芯外包绝缘和保护层制成）。

物 质

任何占有一定空间并有一定质量的东西都可以被视为物质。根据这个定义，物质就是人类感官能够感知到的某种东西，但也不排除那些看不见或摸不着的东西，比如空气或亚原子粒子。它包括宇宙中任何可以测量到的物理实体。但是事实上，物质和能量之间的区别很复杂，因为物质可能具有波（能量）的特性，而能量可能有与粒子类似的特性。自从爱因斯坦提出相对论之后，我们知道物质和能量是可以相互转化的，正如他那著名的方程所示：$E = mc^2$。

发展

在经典定义中，任何有质量的东西都被视为物质，而物质由原子构成。早在 2 000 多年前，古希腊人就开始意识到物质是由原子构成的。

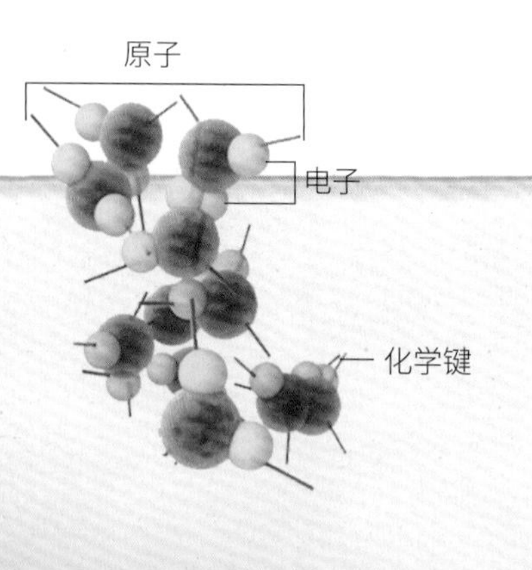

德谟克利特

古希腊哲学家，生于公元前 5 世纪中叶，是原子唯物论的创始人之一。他认为万物本原由 2 种元素组成：原子（组成世界万物的不可分割的物质粒子）和虚空（原子在其中运动）。这种学说认为，原子是永恒的，由它组成的整个自然界、整个世界也是永恒的。世界万物由于构成它们的原子在大小、形状、次序和位置上的不同，从而形成千差万别的性质。

物质的 3 种基本状态

物质有 3 种基本状态：固态、气态和液态。物态的变化基本上取决于温度和压力。

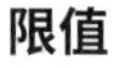

限值

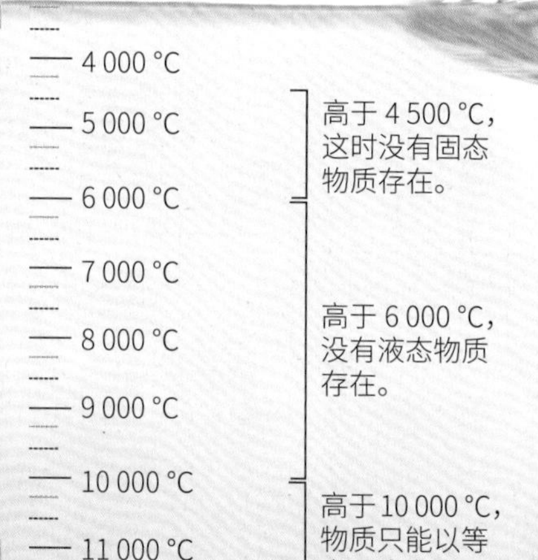

高于 4 500 °C，这时没有固态物质存在。

高于 6 000 °C，没有液态物质存在。

高于 10 000 °C，物质只能以等离子态存在。

-273.15℃

这个温度就是所谓的“绝对零度”，根据经典物理学，在这个温度下分子和原子会停止所有运动。绝对零度只存在于理论上，现实中可以无限接近，但无法达到。

3 固态

与液态和气态相比，有比较固定的体积和形状、质地比较坚硬的物质状态。

1 气态

没有固定体积和形状、粒子之间有着相对较大的距离的物质状态。

气态物质可以充满容器内的全部空间。

暗物质

这是最大的科学奥秘之一。研究人员已经从宇宙中的引力现象推断出暗物质的存在，他们甚至认为绝大多数宇宙物质都以这种形式存在，但暗物质尚未被直接探测到。

反物质

指完全由反粒子组成的物质。这种物质首先在科幻小说中被提出，但是最近几十年科学家不仅已经证明了反物质的存在，还在实验室中创造出了这种物质。相关理论假设宇宙中的所有粒子都有对应的反粒子，它们的一些特性（如质量、平均寿命）相同，另一些特性则相反，例如带电量的符号相反。如果粒子与其反粒子相遇，它们会彼此湮灭并产生能量脉冲。

升华

物质可以不经历液态过程而直接从固态变化到气态，这个过程称为升华。比如，干冰（固态二氧化碳）就会产生升华现象。

液化

汽化

特殊状态

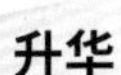

物质至少还会出现 2 种其他非正常状态。

等离子态

此种状态涉及高温下的气体，其中的原子发生分裂，电子与原子核分离开来。这种特性让等离子态的物质具有了一些特殊性能，比如导电能力。太阳和荧光管中都存在等离子态的物质。

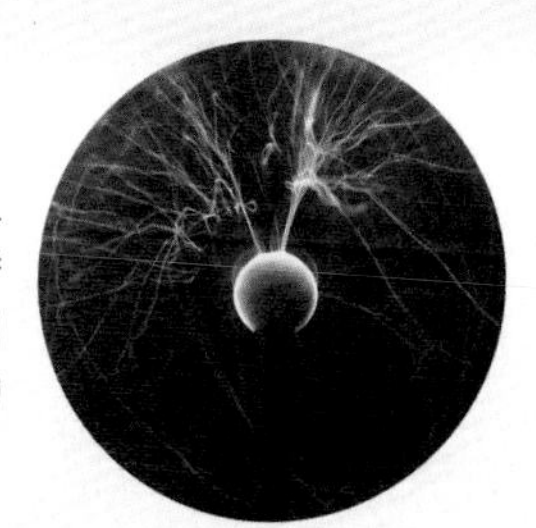

2 液态

具有固定体积、没有固定形状的物质状态。

液态物质具有流动性，其形状会随盛放容器的形状而改变。

玻色 – 爱因斯坦凝聚态

这是接近绝对零度时产生的物质状态，1995 年首次在实验室中实现。该状态下的物质可以获得特殊性能，比如超导性、超流性或能够减慢光速的巨大能力。

熔化（冰、雪变成水称融化）

凝固

95%

科学家告诉我们，暗物质和暗能量占据了宇宙的 95% 以上，普通物质只占了不到 5%。

物质的特性

不同类型的物质具有不同的特性，它们的用途也不一样，例如：钛既轻又坚固，广泛应用于航空航天等工业领域；铜导电性好，能够制成电缆；塑料不会受到酸的腐蚀，可以用于制造容器。关于物质特性和用途的例子数不胜数。

广度性质

又称容量性质，指与系统所包含的物质的量成正比的性质，它们本身对于确认物质或材料的类型并没有帮助。

1 **体积**
指物质所占空间的大小。在液态情况下，体积通常以升（立方分米）为单位。立方米（中文符号为米^3）通常用于表示固体体积。

2 **质量**
可以理解为物质的量的量度。然而对物理学家而言，这个概念有时候会更加复杂。在经典物理学中，质量是一个恒定的度量标准，以千克为单位。

3 **重量***
指物体受到的重力的大小，重力的定义有不同版本，可以简单理解为地球（或其他任何天体）吸引其他物体的力。在相同的地方，物体的质量越大，重量也越大。

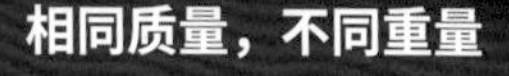

相同质量，不同重量

在地球上，航天员与其所穿航天服的质量约为 170 千克。

在月球上，航天员和航天服的质量不变，但重量仅为原来的 1/6，这样航天员才可能在月球上跳跃。

相同物质在不同状态下，密度可能不一样，比如冰和液态水就是这样。尽管是同一种物质，但是冰的密度略低于水，而这就是冰能够在水面漂浮的原因。

安德斯·摄尔修斯
瑞典物理学家和天文学家，生于 1701 年。除了对北极光和地球形状的两极扁平问题研究做出贡献，他最知名的贡献是创立摄氏温标。他将水的沸点和冰点作为测量的 2 个参考点，然后把 0 赋值到沸点，而将 100 赋值到冰点，中间分为 100 个刻度。后来，他的瑞典同事将此标度倒转过来，这就是我们今天所用的摄氏温标。摄尔修斯于 1744 年逝世，年仅 43 岁。

1 亿吨
1 立方厘米的中子星物质的质量便可达 1 亿吨或更高。中子星是宇宙中已知密度最大的物体。1 立方厘米相当于半块方糖的体积。

* 重量通常有 2 种含义，一是指物体所受重力的大小，二是习惯上用来指质量，本书中取其第一种含义。

强度性质

此类特性并不取决于物质的量，而是取决于物质的种类。在某些情况下，它们是 2 种广度性质的组合，如密度等。

4 密度

密度源自物体的质量和体积之间的关系。在 4 ℃时，水的密度为 1 000 千克 / 米 ^{3}。

物质	密度（千克 / 米 ^{3}）
水	1 000
食用油	920
地球	5 515
空气	1.3
钢	7 850

当把水和食用油放在一起时，由于水的密度高于食用油，因此它会沉降到容器的下部。

5 溶解度

溶解度是指某些物质（溶质）能够溶解于其他物质（溶剂）的能力。溶质可能是固体、液体或气体。溶解度还取决于温度。

泡腾片中含有能够溶解于水的崩解剂，反应的结果是释放出大量气体（一般是二氧化碳）。这些气体不溶于水这种溶剂，故而以气泡的形式逸出。

6 硬度

硬度是指材料局部抵抗硬物压入其表面的能力。硬度较高的物质能够刻划硬度值较低的物质。

莫氏硬度

莫氏硬度是表示矿物硬度的一种标准，由德国矿物学家莫斯首先提出。

矿物	硬度
滑石	指甲划过其表面就能留下划痕。
石膏	指甲能够留下划痕，但是难度较大。
方解石	可以用硬币留下划痕。
萤石	用刀子可以产生划痕。
磷灰石	用一定力量按住刀子可以在上面留下划痕。
正长石	用钢砂纸可以留下划痕。
石英	能够在玻璃上留下划痕。
黄玉	能够在石英上留下划痕。
刚玉	能够在黄玉上留下划痕。
金刚石	自然界中最硬的物质。

7 熔点

通常定义为物质从固态变成液态时的温度。这个定义通常是对晶体物质而言的，非晶体物质没有固定的熔点，但有软化点。

8 沸点

液体沸腾时的温度。沸点随外界压力变化而改变，压力低，沸点也低。

9 传导性

传导性是物质允许电流、热量或声音通过的能力。金属一般都具有良好的导电性，铜就是一个很好的例子，它经常用于电缆。

10 其他特性

除了上面提到的特性，还有很多其他用于对物质进行分类的强度性质，包括折射率、抗拉强度、黏性和延展性等。

原 子

在很长一段时间里，人们认为原子是宇宙中不可分割的基本粒子，但是现在人们不再这么想了。现在众所周知，原子是由更小的粒子组成的，而组成原子核的质子和中子还可以分割成更小的、更基本的粒子。不过，原子仍然被视为保持元素化学特性的最小组成部分。如果分割某种元素的原子，其所产生的质子、中子和电子与组成其他元素原子的质子、中子和电子并无不同。

微小系统

原子由 3 种粒子组成，即质子、中子和电子。它们互不相同，尤其是带电性质不同。前两者（质子和中子）形成原子核，而电子以非常高的速度环绕原子核运动。

电子
电子环绕原子核运动，它们带负电荷。电子远小于质子和中子。原子核中带正电荷的质子与原子核外带负电荷的电子的数量相同，所以原子呈电中性。

原子序数
原子核内的质子数决定了原子序数（元素在周期表中排列的序号）。例如，氮的原子序数为 7，因为氮原子核中有 7 个质子。

约瑟夫·约翰·汤姆孙
英国物理学家，生于 1856 年，他于 1897 年发现了电子。这项发现对科学有着极为重要的意义，因为它证实了原子不是不可分割的。虽然汤姆孙甚至成功地计算了电子的荷质比，但是他始终没有提出一个具有说服力的原子结构模型。他的同事在数年后完成了这项工作。基于对气体导电的理论和实验研究，他获得了 1906 年的诺贝尔物理学奖。汤姆孙于 1940 年逝世。

原子核
原子核由质子（带正电荷）和中子（不带电荷）组成。原子核中质子和中子的数量可能相同，也可能不同。

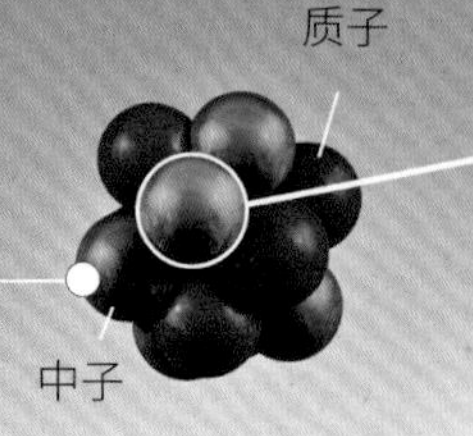

第一电子层（K 层）
该层最多有 2 个电子。

第二电子层（L 层）
该层最多有 8 个电子。

1 个
这是氢原子中质子的数量，也是其电子的数量。氢是宇宙中最轻也是最丰富的元素。

能级
电子在原子中处于不同的能级状态，粗略来说是分层分布的。一般来说，距离原子核较近的电子能量较低。

实际上，图中的轨道可能发生或多或少的偏心。

1 840

这是质子质量与电子质量的比值。

量子数

1925 年，物理学家泡利提出，在同一个原子中，不可能有 2 个或更多的电子处在完全相同的状态（即它们的 4 个量子数完全相同）。因此，我们可以通过量子数来区分原子中的每一个电子。

名称	用途
主量子数（n）	描述轨道到原子核的距离。
角量子数（l）	描述轨道的形状。
磁量子数（m_l，M）	描述轨道在空间的伸展方向。
自旋量子数（m_s）	描述电子的自旋运动。

从内部看质子和中子

有很长一段时间，人们认为质子和中子是不可分割的基本粒子。现在我们知道，这些粒子都由 3 个夸克组成，夸克由胶子黏合在一起。而电子则不同，是不可分割的基本粒子。

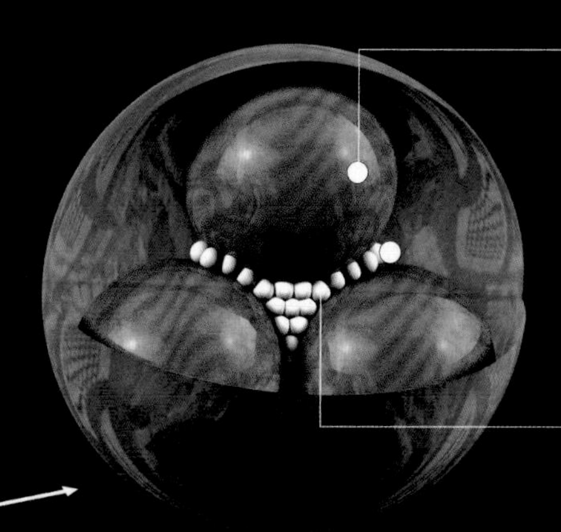

夸克

夸克由很强的力量黏合在一起，在自然界中从没有发现“自由”夸克。但是，夸克可以在若干分之一秒的时间内，通过粒子加速器产生的高能粒子碰撞分离出来。

胶子

在夸克间传递强相互作用的一种粒子。胶子不带电，静止质量为零。

同位素

在有些情况下，虽然同一种元素的 2 个原子具有相同的质子数，但是它们的中子数可能不同，这样的 2 个原子就互为同位素。一般而言，同位素之间的特性具有很大的差异。

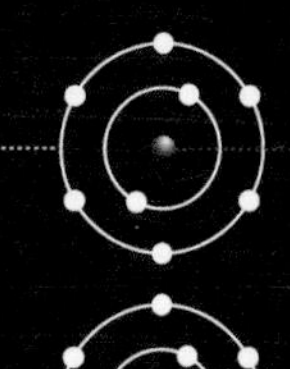

氧的同位素

氧的主要同位素氧 -16 有 8 个质子和 8 个中子，另外还有 8 个沿轨道运行的电子。氧还有另外 2 种稳定同位素和 14 种不稳定同位素。

8 个质子
8 个中子

其中 1 种同位素氧 -18 有 8 个质子和 10 个中子，另外还有 8 个沿轨道运行的电子。

8 个质子
10 个中子

放射性同位素氧 -12 有 8 个质子，但是只有 4 个中子，另外还有 8 个沿轨道运行的电子。

8 个质子
4 个中子

概率计算

基于量子力学的相关理论，科学家认为在指定的某一时刻无法确定电子的具体位置。因此，物理学家引入了波函数这一数学工具，据此可以推算出在某一时刻、某一位置找到电子的概率。

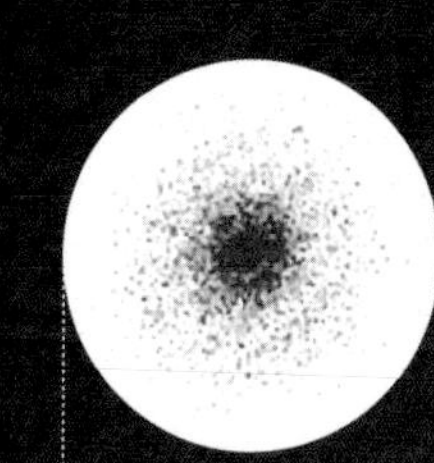

氢原子的电子在原子核外各个位置出现的概率分布图。

虽然原子的绝大部分质量集中在原子核，但原子核占据的体积非常小，原子中的绝大部分空间都被电子轨道占据。如果把原子核放大到一个高尔夫球般大小，那么环绕该高尔夫球运动的电子与其的距离将比埃菲尔铁塔的高度（324 米）还要长。

元素

化学元素是具有相同核电荷数的同一类原子的总称，它们一起构成宇宙中所有的可见物质。迄今有 118 种已知元素，但是只有 92 种（一说 94 种）能在自然界中找到，其余的均为实验室产品。虽然元素的本质看起来非常相似，但是它们的性质却大相径庭。为了更好地认识这些元素并对其进行分类，科学家将其排列成元素周期表。

德米特里·门捷列夫
1834 年生于西伯利亚。这位俄国科学家解决了困扰化学界很长时间的问题——元素的正确分类。门捷列夫利用元素周期表解决了这个问题，他在 1869 年公布了这项成果。元素周期表还使人们能够预测尚未被发现的化学元素。门捷列夫于 1907 年逝世。

元素周期表

19 世纪中叶，门捷列夫发现了元素周期律（元素的性质随着原子序数的增加呈周期性变化的规律），并绘制了世界上第一张元素周期表，该表在后来经过了不断修订。

周期
元素周期表中的横行，表中的 7 个横行即 7 个周期。同周期元素具有相同的电子层数，从左到右，金属性逐渐减弱。

族
元素周期表中的纵列。同族元素有相似的价层电子结构，自上而下有相似但渐变的物理和化学性质。

符号

元素符号
原子序数：显示原子核中质子的数量。
相对原子质量：元素的平均原子质量与碳 -12 原子质量的 1/12 的比值。
放射性元素
元素名称
43
(98)
Tc 锝
Technetium

周期	1 IA	2 IIA	3 IIIB	4 IVB	5 VB	6 VIB	7 VIIB	8 VIIIB	9 VIIIB	10 VIIIB
1	1 H 氢 Hydrogen 1.008									
2	3 Li 锂 Lithium 6.94	4 Be 铍 Beryllium 9.01								
3	11 Na 钠 Sodium 22.99	12 Mg 镁 Magnesium 24.30								
4	19 K 钾 Potassium 39.1	20 Ca 钙 Calcium 40.08	21 Sc 钪 Scandium 44.95	22 Ti 钛 Titanium 47.87	23 V 钒 Vanadium 50.94	24 Cr 铬 Chromium 51.99	25 Mn 锰 Manganese 54.94	26 Fe 铁 Iron 55.84	27 Co 钴 Cobalt 58.93	28 Ni 镍 Nickel 58.69
5	37 Rb 铷 Rubidium 85.47	38 Sr 锶 Strontium 87.62	39 Y 钇 Yttrium 88.90	40 Zr 锆 Zirconium 91.22	41 Nb 铌 Niobium 92.9	42 Mo 钼 Molybdenum 95.9	43 Tc 锝 Technetium (98)	44 Ru 钌 Ruthenium 101	45 Rh 铑 Rhodium 102.9	46 Pd 钯 Palladium 106.4
6	55 Cs 铯 Cesium 132.9	56 Ba 钡 Barium 137.3	57-71 镧系	72 Hf 铪 Hafnium 178.5	73 Ta 钽 Tantalum 180.9	74 W 钨 Tungsten 183.8	75 Re 铼 Rhenium 186.2	76 Os 锇 Osmium 190.2	77 Ir 铱 Iridium 192.2	78 Pt 铂 Platinium 195.1
7	87 Fr 钫 Francium (223)	88 Ra 镭 Radium (226)	89-103 锕系	104 Rf 𬬻 Rutherfordium (261)	105 Db 𬭊 Dubnium (262)	106 Sg 𬭳 Seaborgium (263)	107 Bh 𬭛 Bohrium (264)	108 Hs 𬭶 Hassium (265)	109 Mt 鿏 Meitnerium (268)	110 Ds 𫟼 Darmstadtium (271)

周期									
6	57 La 镧 Lanthanum 138.9	58 Ce 铈 Cerium 140.1	59 Pr 镨 Praseodymium 140.9	60 Nd 钕 Neodymium 144.2	61 Pm 钷 Promethium (145)	62 Sm 钐 Samarium 150.3	63 Eu 铕 Europium 152	64 Gd 钆 Gadolinium 157.2	65 Tb 铽 Terbium 158.9
7	89 Ac 锕 Actinium (227)	90 Th 钍 Thorium 232	91 Pa 镤 Proctactinium 231	92 U 铀 Uranium 238	93 Np 镎 Neptunium (237)	94 Pu 钚 Plutonium (244)	95 Am 镅 Americium (243)	96 Cm 锔 Curium (247)	97 Bk 锫 Berkelium (247)

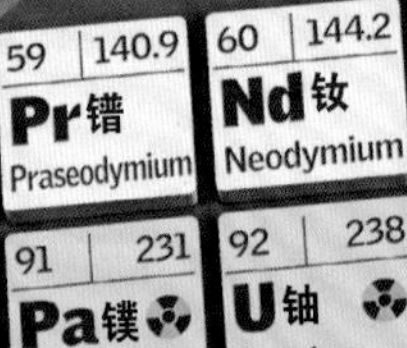

碱金属
它们的氢氧化物皆为溶于水的强碱，故此得名。碱金属质软、密度小，并且因其化学性质非常活泼，所以我们难以在自然界中找到其单质。地壳中最多的碱金属是钠。

碱土金属
此类元素的氧化物难熔，故被称为“土”，又因其与水作用显碱性，故此得名。它们的硬度、密度、熔点、沸点均高于碱金属。地壳中最多的碱土金属是钙。

过渡金属
过渡金属很硬，沸点和熔点都很高，具有良好的导电性和导热性。它们可以彼此结合形成合金。铁、金和银就属此类元素。

镧系元素
镧系元素化学性质比较活泼，还原能力仅次于碱金属和碱土金属，通常发现于氧化物中。

−38.83 °C 这是水银的熔点。水银是唯一在常温下呈液态的金属。

元素类型

不同元素的原子可以共享某些类似的特性，因此它们可以被分成不同的类型。

类金属（半金属）

类金属的特性处于金属和非金属之间，其中最重要的一点是它们通常是半导体（导电性处于导体和绝缘体之间）。它们在晶体管和整流器的制造中非常重要，是集成电路的组成部分。重要的类金属有硅和锗等。

非金属

它们包括构成生命的重要元素氢、碳、氧、氮以及卤素等。它们具有很强的电负性，导电性和导热性不佳。

稀有气体

曾称惰性气体，是元素周期表第 18 列元素的总称。其原子的最外层有 8 个电子（氦为 2 个），非常稳定，一般不会与其他元素发生反应。

卤素

卤素是电负性很强的元素，它们具有很重要的工业用途。

其他金属

其他金属比较软，熔点和沸点也比较低。常见的有铝、锡和铅。

11 I B | 12 II B | 13 IIIA | 14 IVA | 15 VA | 16 VIA | 17 VIIA | 18 VIIIA

2 4.00 He 氦 Helium
5 10.81 B 硼 Boron | 6 12.01 C 碳 Carbon | 7 14.01 N 氮 Nitrogen | 8 16.00 O 氧 Oxygen | 9 19.00 F 氟 Flourine | 10 20.18 Ne 氖 Neon
13 26.98 Al 铝 Aluminum | 14 28.08 Si 硅 Silicon | 15 30.97 P 磷 Phosphorus | 16 32.06 S 硫 Sulfur | 17 35.45 Cl 氯 Chlorine | 18 39.94 Ar 氩 Argon
29 63.54 Cu 铜 Copper | 30 65.40 Zn 锌 Zinc | 31 69.72 Ga 镓 Gallium | 32 72.64 Ge 锗 Germanium | 33 74.92 As 砷 Arsenic | 34 78.96 Se 硒 Selenium | 35 79.90 Br 溴 Bromine | 36 83.8 Kr 氪 Krypton
47 107.9 Ag 银 Silver | 48 112.4 Cd 镉 Cadmium | 49 114.8 In 铟 Indium | 50 118.7 Sn 锡 Tin | 51 121.7 Sb 锑 Antimony | 52 127.6 Te 碲 Tellurium | 53 126.9 I 碘 Iodine | 54 131.3 Xe 氙 Xenon
79 197 Au 金 Gold | 80 200.6 Hg 汞 Mercury | 81 204.4 Tl 铊 Thallium | 82 207.2 Pb 铅 Lead | 83 209 Bi 铋 Bismuth | 84 (209) Po 钋 Polonium | 85 (210) At 砹 Astatine | 86 (222) Rn 氡 Radon
111 (272) Rg 轮 Roentgenium | 112 (285) Uub 镉 | 113 Uut 鉨 | 114 (289) Uuq 铁 | 115 Uup 镆 | 116 Uuh 铊 | 117 Uus 砸 | 118 Uuo 氟

超重元素*

在实验室中制成，非常不稳定，能够在若干分之一秒的时间里分解。研究人员正在寻找假设的“稳定岛”。

66 162.5 Dy 镝 Dysprosium | 67 164.9 Ho 钬 Holmium | 68 167.2 Er 铒 Erbium | 69 168.9 Tm 铥 Thulium | 70 173 Yb 镱 Ytterbium | 71 175 Lu 镥 Lutetium
98 (251) Cf 锎 Californium | 99 (252) Es 锿 Einsteinium | 100 (257) Fm 镄 Fermium | 101 (258) Md 钔 Mendelevium | 102 (259) No 锘 Nobelium | 103 (262) Lr 铹 Lawrencium

锕系元素

绝大多数此类元素在自然界中找不到（它们是在实验室内合成的），它们的同位素具有放射性。

118 号元素

118 号元素是元素周期表中的最后一个元素，2006 年首次在实验室中被合成出来，此元素极不稳定。虽然 2006 年的实验中只产生了该元素的 3 个原子核，但是科学家认为该元素在室温下可能是气体，特性与稀有气体类似。

化学键

原子要想稳定，就必须符合“八隅规则”（也有特殊情况，如氢、氦）。也就是说，它的价层中必须有 8 个电子，就像稀有气体一样，不易与其他原子发生反应。当价层中的电子数量不是 8 个时，原子就会试图从其他原子处获得电子，或放弃电子，或与其他原子分享电子，以便每个原子的价层中都能有 8 个电子。在此过程中，它们形成化学键，从而创造出具有新特性的分子。

原子核　电子　轨道

离子键

当电子从一个原子向另一个原子转移时（一般是在金属和非金属元素之间），就产生了离子键。食盐的主要成分氯化钠就是一个很好的例子，它是氯和钠结合的产物。

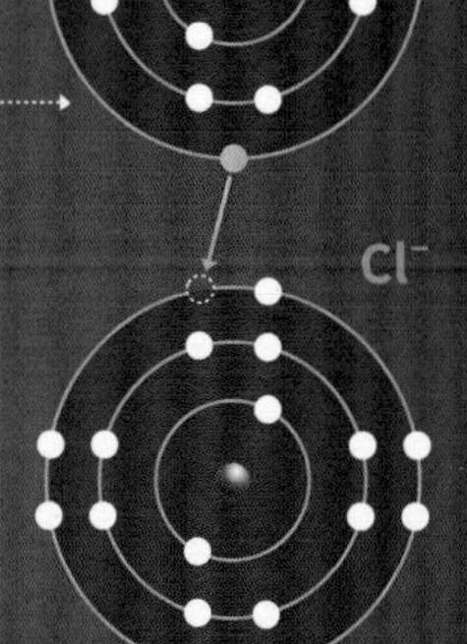

钠的价层中有 1 个电子，而氯则有 7 个。当钠放弃这个电子时，它会变得稳定，因为其新的最外层将有 8 个电子。

作为交换，氯获得了它需要的电子，价层中有了完整的 8 个电子，带负电荷。这种结合很稳定。

共价键

原子结合在一起，但是没有丢失或获得电子，而是共享电子。二氧化碳、水和甲烷就是这种情况。

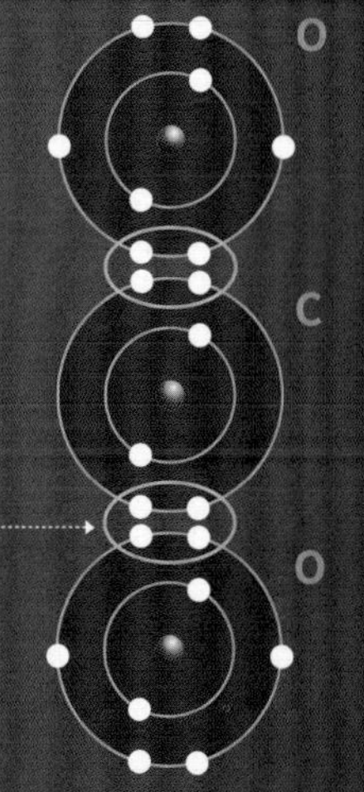

二氧化碳（我们呼出的气体）分子由 1 个碳原子和 2 个氧原子构成，碳原子的价层有 4 个电子，而每个氧原子有 6 个价电子。因此，每个碳原子与每个氧原子共享 2 个电子，结果 3 个原子的最外层都拥有了 8 个电子。

金属键

在固态或液态金属中，由金属离子和自由电子间的静电吸引力组合而成，电子在“电子海”中自由流动。这种特性使得金属成为电的良导体。

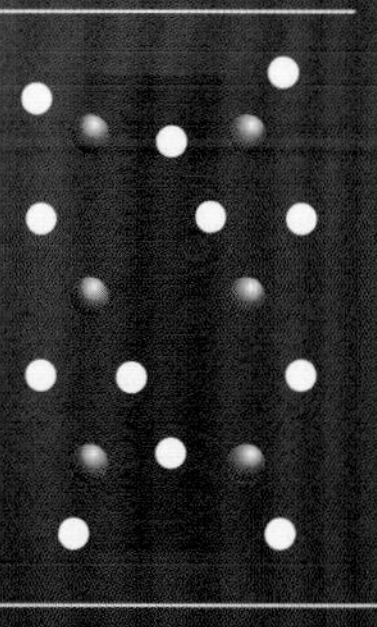

* 超重元素指根据原子核理论预言的可能存在的原子序数大于 110 的化学元素。

化学反应

化学反应在时刻发生着，比如在工业生产过程中、在人体内，以及几乎其他所有可以想象的环境中。在化学反应中，旧的化学键被打断，新的化学键生成，物质发生变化而产生新物质。在特定的反应中，反应物可能会被完全消耗掉，即使在反应中形成了新的化合物，即使在不同的聚合状态下，反应前后物质的总质量还是保持不变。

点燃火柴时发生了什么？

点燃一根火柴的简单动作会产生复杂的化学反应。在这个过程中，不同的分子与氧结合，释放热量，而我们在这个过程中看到了火。

点燃

火柴头含有氯酸钾（$KClO_3$，在爆炸物中经常出现的化合物）和硫化锑（Sb_2S_3）等物质。火柴头在特殊表面划过，而此表面通常由红磷和其他物质组成。

1. 火柴头和擦火面产生的摩擦将一些红磷变成了白磷，白磷易燃，接触空气后即着火。

2. 擦火面上的白磷发出的热量在火柴头上引起了化学反应，在这个反应中，氧化剂（氯酸钾）产生了氧气。氧气和热量导致了硫化锑的燃烧。接着，火苗开始燃烧由可燃性材料制成的火柴杆。

安托万·洛朗·拉瓦锡

拉瓦锡于 1743 年生于巴黎，是近代化学奠基人之一。他对化学这门学科做出了巨大贡献，其中一项贡献是他描述了氧气在燃烧过程中所起的作用。他还证明了化学反应中的质量守恒定律。拉瓦锡于 1794 年逝世。

热

热是引发或加速化学反应的一个基本条件。相反，冷则会减缓化学反应的过程。

反应类型

可以根据化学反应的不同特征对其进行分类，以下是一些最常见的分类方法。

可逆反应和不可逆反应

如果反应是单向的，且反应物不可恢复，这就属于不可逆反应。比如，有机化合物的分解过程就是不可逆反应。而在可逆反应中，在特定条件下反应物可能复原。

氧化反应和还原反应

在氧化反应中，金属或非金属失去电子，从而被氧化；在还原反应中，金属或非金属获得电子。氧化和还原是同时进行的。当与氧气接触时，铁氧化并生成红色化合物氧化铁。

燃烧反应

可燃物与氧化剂发生剧烈反应并伴随发光和发热现象。以汽油和柴油等为燃料的发动机能够运转，能量便来自燃烧反应。

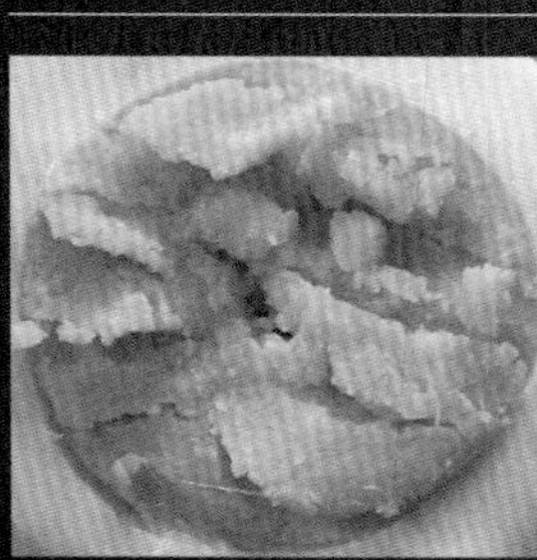

放热反应和吸热反应

放热反应释放热量，吸热反应吸收热量。生鸡蛋到熟鸡蛋这个变化过程显示了只有热量存在才会发生的一系列吸热反应。相反，烟火释放热量，发生放热反应。

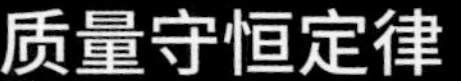

质量守恒定律

质量守恒定律是自然科学中的一个重要定律。该定律认为，参加化学反应的各物质的质量总和，等于反应后生成的各物质的质量总和。这是因为在反应过程中没有物质损失，只是物质经历了一个变化过程。

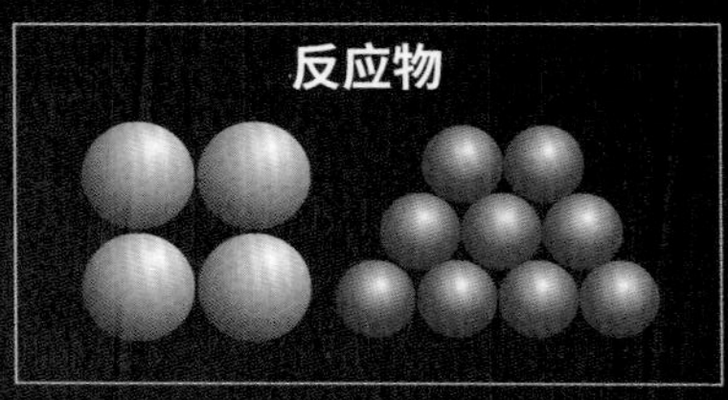

化学反应

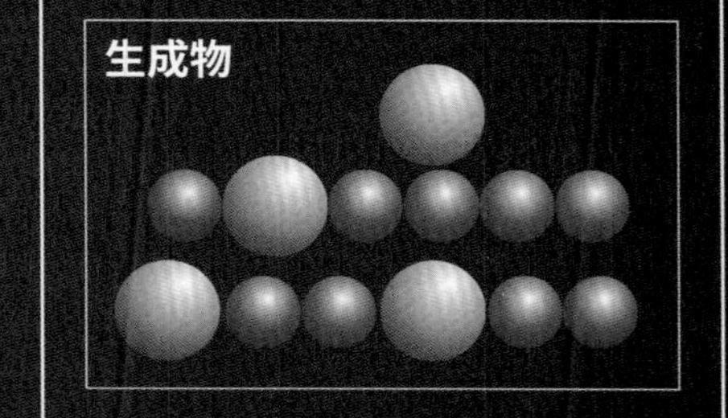

催化剂

催化剂能够改变化学反应的速率，而其自身的量在化学反应前后不变。催化剂是自然界和工业生产过程中非常重要的物质。

化学反应的表达方式

化学方程式让我们能够以标记和符号的形式再现反应过程。

原子或分子的数量　与……反应

$$2Mg + O_2 = 2MgO$$

反应物　产生　生成物

上式表示 2 个镁原子与 1 个氧分子反应，产生 2 个氧化镁分子。

金属

我们通常所说的金属是指金属单质（比如铁或金）以及某些合金（比如青铜和钢）。早在7 000 年前，人类就开始使用金属，从那以后，它们就成为人类生活的一个重要部分。它们被广泛用于桥梁和高楼等巨大的建筑物，轮船和飞机等公共交通工具，枪炮以及其他各种类型的零件。金属具有良好的延展性、导电性、导热性，在诸多现代科技领域发挥着重要作用。

冶炼

一般而言，在自然界中发现的金属通常已经与其他元素结合（形成不同类型的矿物）。因此，它们需要经过特殊的冶炼处理后才能使用，比如铁就是如此。

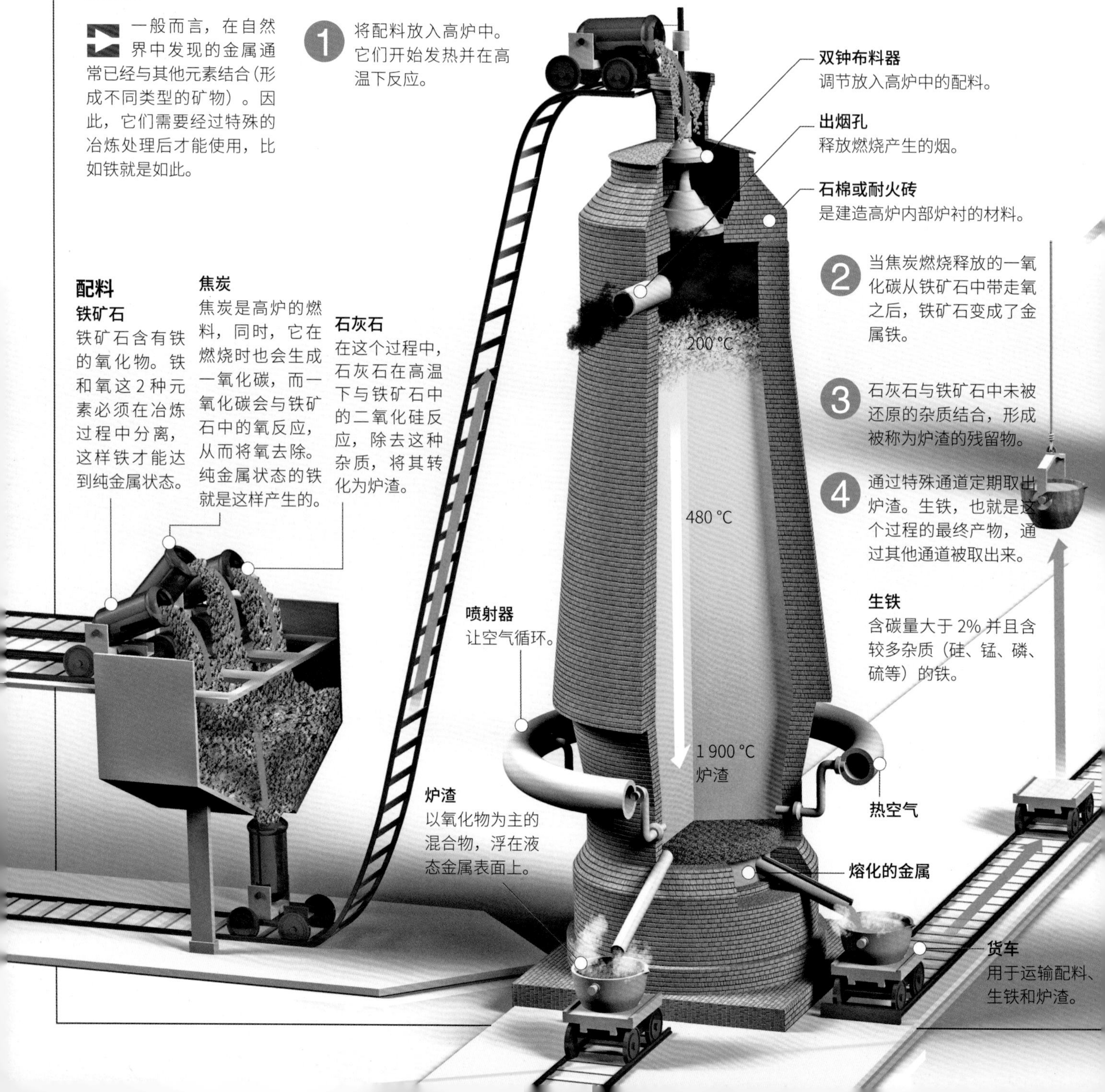

1 将配料放入高炉中。它们开始发热并在高温下反应。

双钟布料器
调节放入高炉中的配料。

出烟孔
释放燃烧产生的烟。

石棉或耐火砖
是建造高炉内部炉衬的材料。

2 当焦炭燃烧释放的一氧化碳从铁矿石中带走氧之后，铁矿石变成了金属铁。

3 石灰石与铁矿石中未被还原的杂质结合，形成被称为炉渣的残留物。

4 通过特殊通道定期取出炉渣。生铁，也就是这个过程的最终产物，通过其他通道被取出来。

配料

铁矿石
铁矿石含有铁的氧化物。铁和氧这 2 种元素必须在冶炼过程中分离，这样铁才能达到纯金属状态。

焦炭
焦炭是高炉的燃料，同时，它在燃烧时也会生成一氧化碳，而一氧化碳会与铁矿石中的氧反应，从而将氧去除。纯金属状态的铁就是这样产生的。

石灰石
在这个过程中，石灰石在高温下与铁矿石中的二氧化硅反应，除去这种杂质，将其转化为炉渣。

200 °C

480 °C

1 900 °C
炉渣

喷射器
让空气循环。

生铁
含碳量大于 2% 并且含较多杂质（硅、锰、磷、硫等）的铁。

炉渣
以氧化物为主的混合物，浮在液态金属表面上。

热空气

熔化的金属

货车
用于运输配料、生铁和炉渣。

合金

金属可以与其他元素一起形成具有新特性的物质——合金。此处列举的合金是钢，钢是世界上最重要的原材料之一。

钢生产

在生铁中，碳与铁原子混合在一起，但这不同于氧化物中的化学结合。人们通过冶炼过程使生铁中的碳与氧相结合，从而达到减少含碳量的目的。含碳量高的钢硬度高，但是很脆。

不断改进

通过向钢中加入其他元素，可以改进其性能或使其具有特殊属性。

加钼
增加钢的硬度，使之变得更坚固。

加铬
使钢“不锈”，不锈钢可用于制造厨房用具或家用电器。

加锌
用来给铁包上涂层，形成镀锌钢，镀锌钢可以抗腐蚀。

亨利·贝西默

生于1813年，是一位英国工程师。贝西默开发的方法大大改善了钢的生产状况。由于这个创新，他被视为“现代钢铁工业之父”。他的方法可以减少生铁中的含碳量，并在大大降低成本的基础上生产出强度更高的产品。这在19世纪末20世纪初极大地促进了钢的生产。贝西默于1898年逝世。

5 将生铁倒入熔炼炉。

6 注入氧气，氧气与碳反应，形成一氧化碳。这样，碳在生铁中的比例就降低了。

7 使用生石灰去除磷等异物。

一般而言，钢中的含碳量不超过2%。

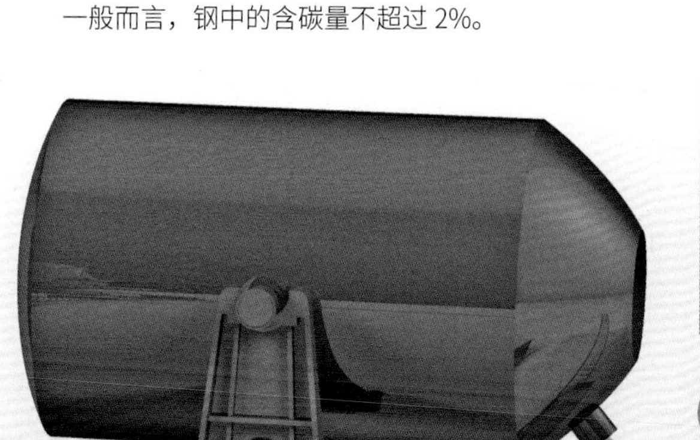

金

与铁不同，金的化学性质非常稳定，因此经常可以在自然界中发现纯金。

8 钢可以铸成钢锭，便于保存，也便于以后的处理。

1 900 ℃

这是一般情况下高炉内部能够达到的温度。

特性

金属的特性使它们成为人类日常生活中不可替代的材料。

导电性和导热性

在金属中，外层电子与其原子核的连接薄弱。因此，金属的电子看起来像是在“电子海”中漂浮。这种现象使得金属有了良好的导电性。金属也有良好的导热性。

固体

除汞以外，金属在常温条件下都是固体，钢材和铝合金是常用的建筑材料。

延展性

尽管金属是固体，但是可以改变形状。在有些情况下，甚至可以把它们塑造得像线一样细。良好的延展性和导电性，使金属成为制造电缆的理想材料。

聚合物

聚合物的发现，以及化学家在实验室合成甚至创造新的聚合物的能力，促进了新材料的产生。其中有些材料，比如塑料和合成橡胶，具有令人惊奇的特性，迅速成为人们日常生活的重要组成部分。此外，生物学家和生物化学家发现，聚合物对生物的内部运作和结构具有重要作用。

列奥·贝克兰

被称为“塑料之父”，比利时化学家，生于 1863 年。他在美国拥有一家生产自己发明的产品（接触印相纸）的工厂。他在工作中偶然发现了一种合成树脂，并将其命名为酚醛树脂。这项发明不仅为他赢得了世界范围的声誉，还标志着“塑料时代”的开始。贝克兰于 1944 年逝世。

无限的链

聚合物是由成千上万的被称为单体的较小分子通过聚合反应连接在一起形成的巨大链条。羊毛、真丝和棉花等都是天然聚合物，尼龙和塑料等其他聚合物则是人工合成的产物。

聚合反应

根据单体结合过程中是否释放水等小分子，可将聚合反应分为缩合聚合反应（缩聚反应）和加成聚合反应（加聚反应）。酚醛树脂便是经由缩聚反应制取的。

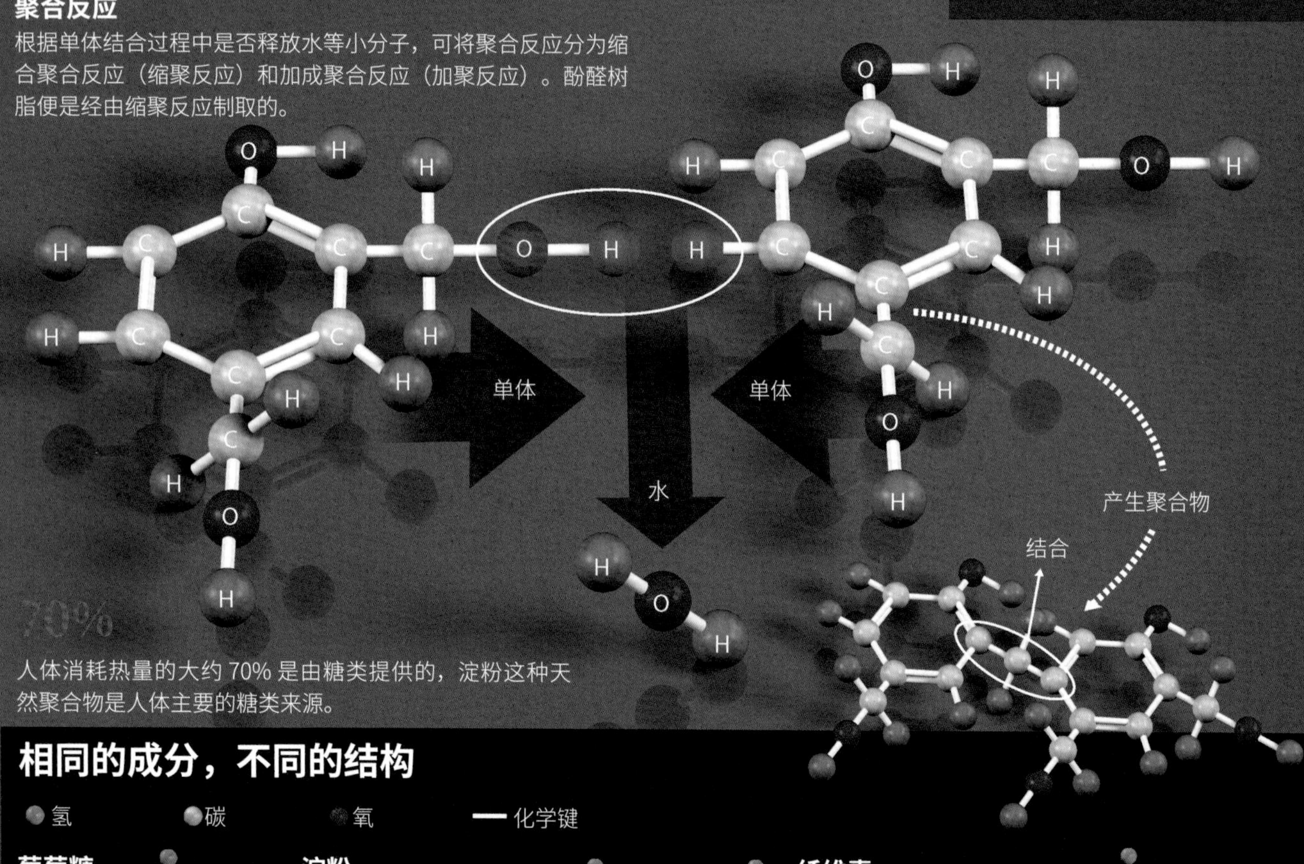

70%

人体消耗热量的大约 70% 是由糖类提供的，淀粉这种天然聚合物是人体主要的糖类来源。

相同的成分，不同的结构

氢　碳　氧　化学键

葡萄糖

可以在人体内直接参与新陈代谢，可发生缩聚反应。

淀粉

淀粉是人类的主要食物之一，在人体内最终被分解为葡萄糖。

纤维素

纤维素是蔬菜的基础结构。虽然纤维素也由葡萄糖聚合而成，但其结构与淀粉不同，不能被人体消化吸收。

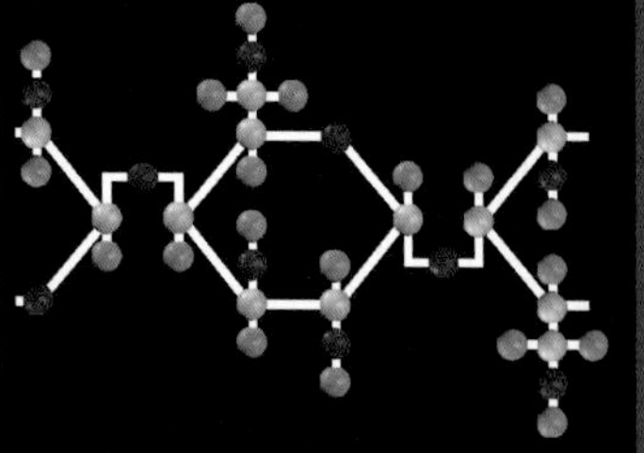

塑料

100 多年来，塑料革命性地改变了工农业生产以及我们的日常生活。塑料成本低、可塑性强，而且色彩丰富。它们是很好的绝缘体，可以根据需要而变得坚硬或柔软，并且持久耐用。

用途

塑料的用途看起来无穷无尽。各种类型的塑料可以满足不同的需求。

世界上的塑料很多用于制作容器和外包装，也有的专门用于建筑工业，或者专门用于制造电气设备。

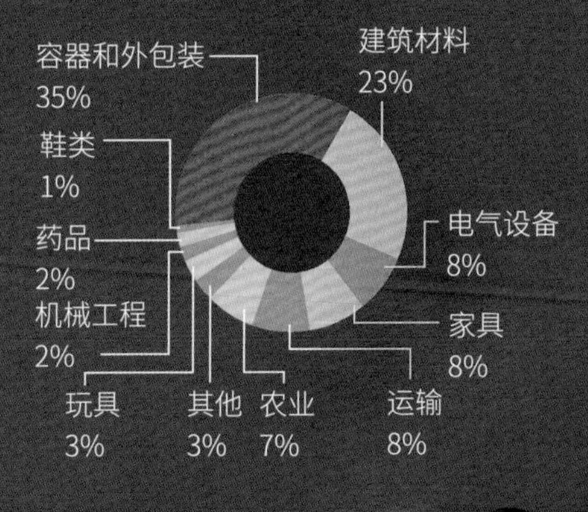

循环利用

塑料最显著的特性之一是耐用性，这也产生了一个问题：塑料需要数个世纪的时间才能降解，因此会造成长期的环境污染。基于这个原因，塑料的循环利用显得非常重要。

全球聚乙烯产能已经超过

1.3亿吨/年。

酸和碱

为什么柠檬水喝起来是酸的？为什么蜜蜂叮人那么痛？为什么在被叮的地方抹点儿肥皂水能够减轻疼痛？为什么触摸汽车电池组上的液体很危险？这些问题都可以从物质的化学特性上找到答案：这些物质接触水会呈现酸性或碱性。这种分类实际上是以此类物质在微观层面上的变化为依据的：酸是指在水溶液中电离产生的阳离子全部是氢离子（H^+）的物质，碱则是指在水溶液中电离出的阴离子全部是氢氧根离子（OH^-）的物质。

在显微镜下

在水环境中，酸和碱分别增加了氢离子和氢氧根离子的浓度，这让所得物质具有特殊属性。

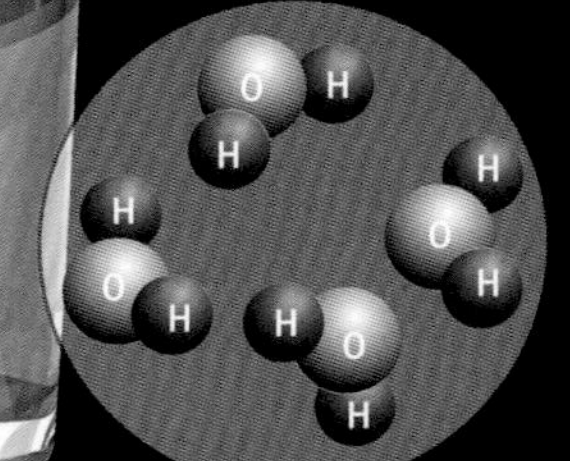

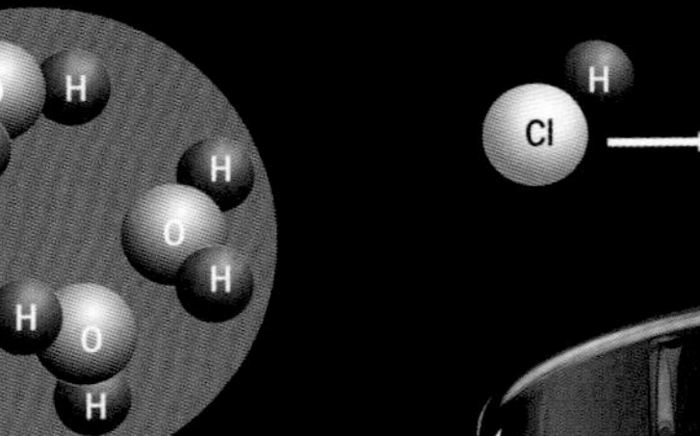

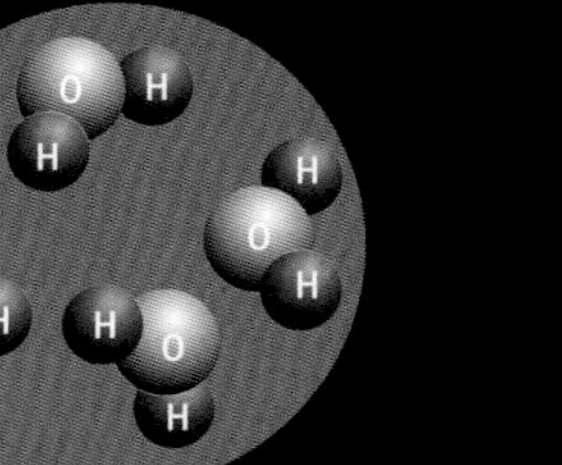

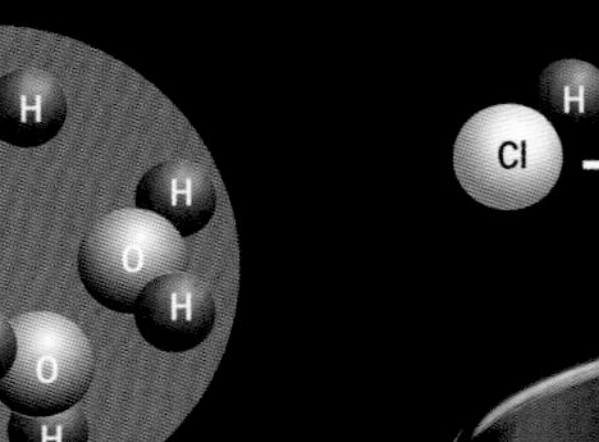

中性的水

水分子由 2 个氢原子和 1 个氧原子组成。纯水会产生微弱的电离，生成的氢离子和氢氧根离子数量相同。

酸

当向水中添加酸时，如盐酸（HCl），其分子分解成离子（H^+ 和 Cl^-）。因此，氢离子的浓度就超过了氢氧根离子的浓度，所得溶液就呈酸性。

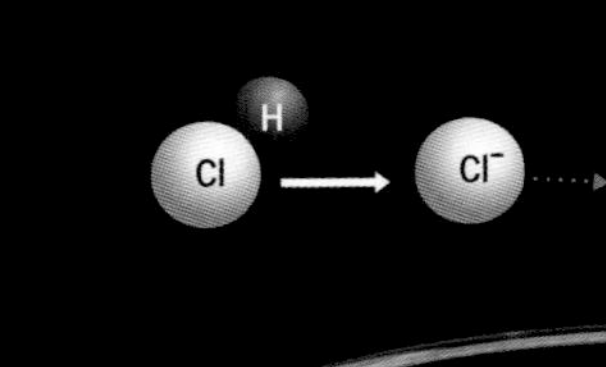

强弱

根据酸溶于水后电离度的大小，可将其分为强酸和弱酸。

如果氢离子和组成酸分子的其他部分结合得很强，那么酸在水中的电离度就很小，只有少数氢离子电离出来，其他的氢离子将继续存在于酸分子中。这是弱酸的情况。当氢离子和酸分子的其他部分结合得很弱时，酸分子可以完全离解，产生大量的自由氢离子，这种酸就是强酸。强酸在适当的浓度下，会具有强烈的腐蚀性，硫酸就是个很好的例子。

缓冲溶液

对很多生物（包括人类）来说，体内酸碱度的较大变化可能是致命的。这就是人体会产生缓冲溶液来中和食物、疫苗等进入人体时引起的酸碱度变化的原因。

瑟伦·索伦森

丹麦化学家，生于 1868 年。1909 年他提出了利用氢离子浓度指数（pH 值）来测量溶液酸碱度的设想，并描述了一些测定 pH 值的方法，因此名扬世界。索伦森也是酸胺研究的先驱。他于 1939 年逝世。

测量酸碱度

溶液的酸碱度以 pH 值衡量，而 pH 值可以通过不同的方法测得。

物质*	pH 值
胃液	1.5
柠檬汁	2.4
可乐饮料	2.5
醋	2.9
咖啡	5.0
牛奶	6.5
纯净水	7.0
肥皂水	10.0
氨水	11.5
漂白液	12.5

pH 值越低，酸度越高。

pH 值等于 7 代表溶液呈中性。

如果该值高于 7，溶液就是碱性的。

特性

酸和碱的特性让它们在不同情况下非常有用。

酸的水溶液

- 有酸味；
- 是电的良导体（因此可用于蓄电池）；
- 与金属接触时释放氢气；
- 具有腐蚀性。

碱的水溶液

- 有涩味；
- 是电的良导体；
- 能中和酸，形成水和盐；
- 具有腐蚀性。

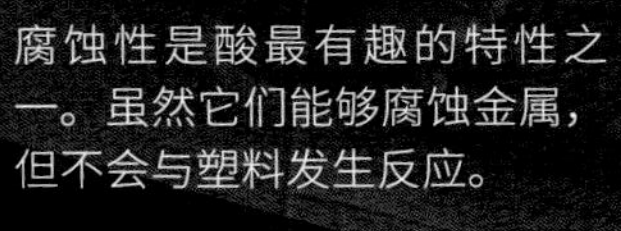

腐蚀性是酸最有趣的特性之一。虽然它们能够腐蚀金属，但不会与塑料发生反应。

碱

氢氧化钠遇水后电离成钠离子（Na^{+}）和氢氧根离子，也就是说向溶液提供了氢氧根离子。这样，氢氧根离子的数量就会超过氢离子，将溶液变成碱性。

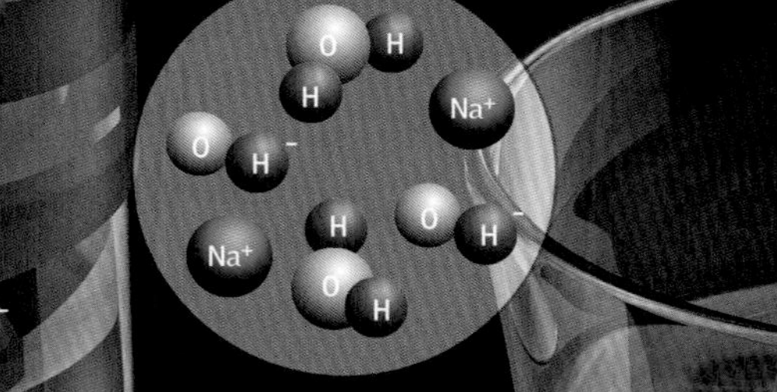

* 此处列出的物质与其 pH 值仅为大致对应关系，实际 pH 值会随着物质浓度的变化而变化。

放射性

19 世纪后期，科学家发现某些元素能够自发地释放出可以与物质相互作用的射线。科学家及时找到了造成这种现象的原因，即放射性同位素原子核中的质子和中子之间不平等的能量使它们很不稳定。为了取得更稳定的结构，这些同位素释放不同类型的射线。今天，这种现象广泛应用于生物学、医学、地质学、考古学等领域。

欧内斯特·卢瑟福

“核物理学之父”，1871 年生于新西兰。他在放射性和原子结构等方面做出了重大贡献，其中包括描述 α 射线和 β 射线，论证原子的核式结构模型，并在 1919 年实现了人类历史上首次人工核反应。他于 1908 年获得了诺贝尔化学奖，1937 年逝世。

强大的无形力量

在放射性同位素变得更稳定的过程中，它们经历了变化，并在此过程中释放不同形式的能量。

稳定同位素
某种元素中不发生或极不易发生放射性衰变的同位素，即使运用当代放射性探测手段也无法检测出其放射性衰变的信号。

辐射
当放射性同位素为寻求更稳定的结构而改变其能级时，它会释放出 3 种射线。

α 射线
从原子核中释放的氦原子核（含 2 个质子和 2 个中子）粒子束。之后，原子核的原子序数减少 2，质量数减少 4。例如，铀 -238 变成钍 -234。

β 射线
每个原子核释放 1 个电子或 1 个正电子所形成的电子流。这样，原子核的原子序数增加 1 或减少 1，质量数不变。

放射性同位素
某种元素中会发生放射性衰变的同位素，按其来源可分为天然放射性同位素和人工放射性同位素。

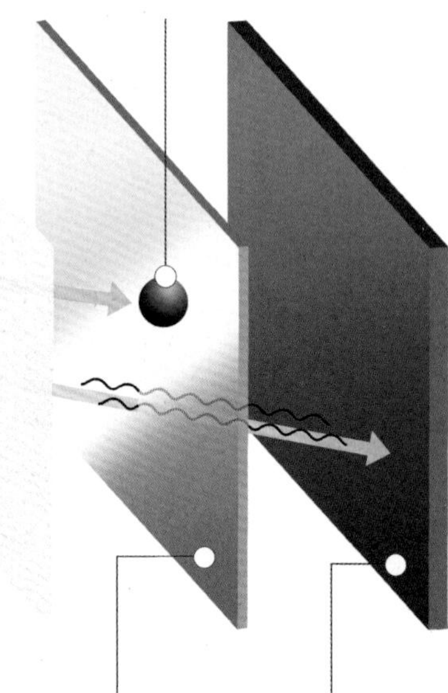

γ 射线
放射性同位素发生 γ 衰变时从原子核中发射的一种电磁波。这是危害性最大、能量最高的辐射形式。

α 射线的传播速度是光速的 1/10，但是却不能穿透一张纸。

β 射线的传播速度可达光速的 99%，可以穿透几毫米厚的铝板。

γ 射线的传播速度与光速相等。由于其巨大的能量，只有铅板等高原子序数元素组成的材料才能阻挡 γ 射线。

从一种元素到另一种元素

有的放射性同位素会经历连续衰变，直到转变成稳定同位素或发生核裂变为止，这个过程被称作“衰变链”。

同位素	铀 -234	钍 -230	镭 -226	氡 -222	钋 -218	铅 -214	铋 -214	钋 -214	铅 -210	铋 -210	钋 -210	铅 -206
释放射线	α	α	α	α	α	β	β	α	β	β	α	稳定
半衰期	24.5 万年	8 000 年	1 600 年	3 823 天	3.05 分钟	26.8 分钟	19.7 分钟	0.000 163 秒	22.3 年	5.01 天	138.4 天	

半衰期

对于特定数量的放射性同位素，其半衰期是该同位素原子核数衰变掉一半所需的时间。有的放射性同位素的半衰期不足 1 秒。

用于制造核武器的铀 -235，半衰期为 7 亿年。

用于放射治疗的钴 -60，半衰期为 5.3 年。

氧 -15 的半衰期是 122.2 秒，这是氧的一种少见的放射性同位素。

60 多种

在自然界中，放射性同位素有 60 多种，而超过 1 000 种的其他放射性同位素，则是由人类创造出来的。

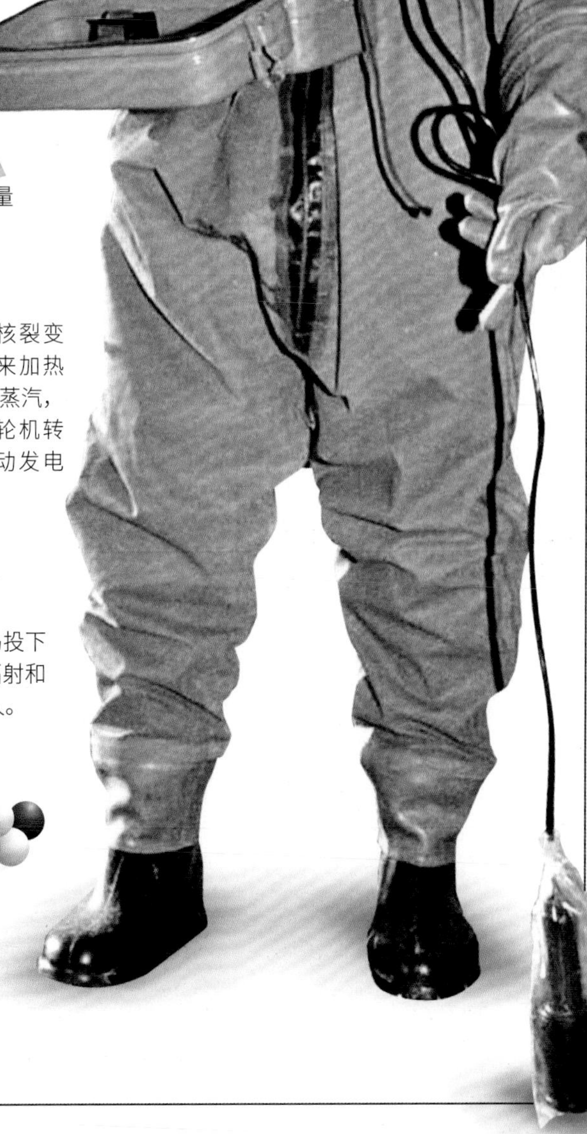

核裂变和核聚变

原子核在特定的条件下可能会分裂或融合。这 2 种过程都释放巨大的能量，这使得它们可以用于发电和制造核武器。

核裂变

一旦触发，核裂变便可以产生链式反应。

1 铀 -235 原子核受到中子的轰击。

2 铀 -235 原子核在吸收中子后，将变得非常不稳定，从而分裂成 2 个更小的原子核。在这个过程中，它将释放 2~3 个自由中子以及大量的能量。

3 在高能量下发射的自由中子引起新原子核的分裂，产生链式反应。

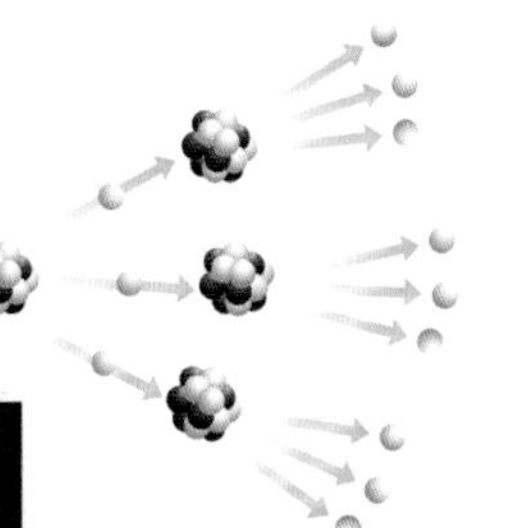

反应堆利用核裂变释放的能量来加热水，将其变为蒸汽，蒸汽推动汽轮机转动，从而带动发电机发电。

20 万人

有研究估计，1945 年美国在日本广岛投下原子弹后，当场遇难人数和后续因辐射和受伤而死亡的人数的总和超过 20 万人。

核聚变

在高温高压环境下，2 个原子核（在自然状态下会互相排斥）融合，形成 1 种新的更重的元素。在这个过程中，它们会释放大量能量。

与核裂变不同，核聚变暂时不适用于能源生产，实现受控热核聚变是非常困难的。

恒星内部自然发生的核聚变，使它们能够持续发光。

氢 -3（氚）原子核

一个中子被逐出原子核

新材料

新材料的发现和创造经常会给世界历史和个人的日常生活带来戏剧性变化，铜、铁、钢、石油和塑料就是几个典型的例子。今天，得益于物理学、化学和计算机科学的进步，新材料领域成为非常有前途的行业，纳米技术的开发进一步推动了这个行业的发展。纳米技术是原子和分子级的科学，在未来可能会引发一场真正的技术革命。

理查德·费曼

美国物理学家，生于 1918 年，是纳米技术概念的创始人之一。在青年时期，费曼参与了原子弹的研究。后来他主要专注于量子力学研究，并在 1965 年荣获了诺贝尔物理学奖。1959 年，他发表了名为《在底部还有很大空间》的演讲，这次演讲被视为纳米技术的灵感来源。费曼于 1988 年逝世。

碳的奇迹

碳根据其不同的结构，可以呈现为石墨或钻石的形式，还能够转化成具有特殊性质的材料，碳基新材料开始在很多领域内逐渐取代传统材料。

碳纤维

将超细碳纤维嵌入支撑聚合物，可制成质量轻、强度高的材料。这张显微图像显示了碳纤维和人的头发之间的对比，碳纤维的直径只有 1/100 毫米左右。

不同的结构

碳纤维可以被组织成不同的结构，从而使材料获得截然不同的特性。

放射状

任意状

同心圆状

线条形

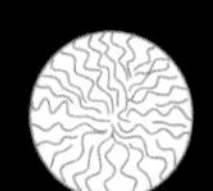

辐射波状

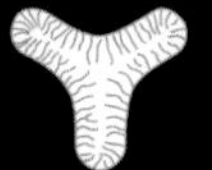

三线形

特性

- 高强度，出色的伸缩率；
- 低密度，比很多金属更轻、更坚固；
- 良好的导热性、导电性；
- 抗腐蚀；
- 耐高温。

碳纳米管，微观奇迹

碳纳米管是纳米技术领域一颗冉冉升起的新星，其具有原子级的尺度。碳纳米管是由碳原子片卷成的管状物，单壁碳纳米管直径一般为 1~3 纳米，最小直径约为 0.4 纳米，多壁碳纳米管直径从几毫米到几十毫米不等。

碳纳米管是迄今所知强度最高的材料之一，比钢的强度高 100 倍。另外，它们还有出色的导电性，电导率可达铜的 1 万倍。

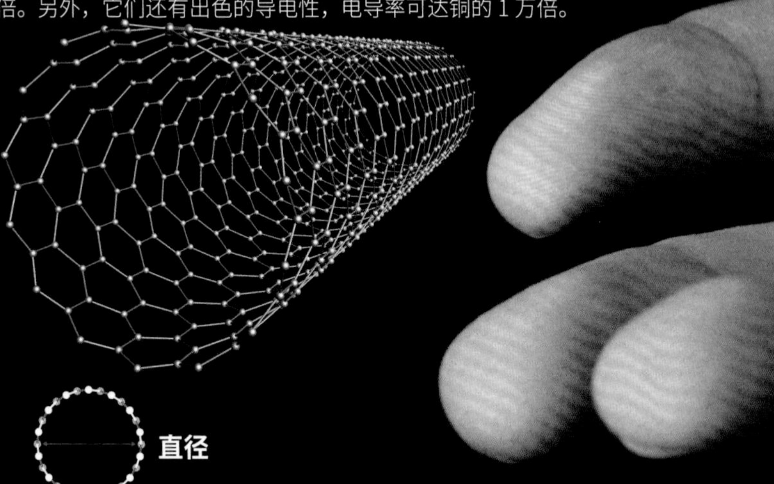

特性

- 尽管它们的密度仅是钢的 1/6，但却是迄今为止最强的结构之一；
- 它们可以传导巨大的电流而不会熔化；
- 它们具有很高的弹性，即使弯成锐角，也能恢复原状。

0.5 米

2013 年，清华大学团队制备出了当时世界上最长的碳纳米管，长度超过 0.5 米。

神奇的“冷冻烟雾”

气凝胶有云雾一样的外表，它是前景最光明的新材料之一。气凝胶的主要特点有强度高、质量轻（几乎像空气一样轻），以及令人惊奇的绝热能力。

绝缘性能
气凝胶是一种强大的绝缘体，可以应用于多种用途。

强度
虽然这种材料如此之轻，但它的强度高得惊人。

成分
气凝胶有碳系、硅系等多种类型，一般空气占据其体积的80%以上，有时甚至高达99.9%。

空气

固体

密度
气凝胶的密度仅大约是玻璃的1/1 000，最轻的气凝胶比空气还要轻。

喷灯口的温度可达1 300 °C。

绿色杀虫剂
有些气凝胶可以研磨成非常细的粉末，用以堵塞昆虫的呼吸道。

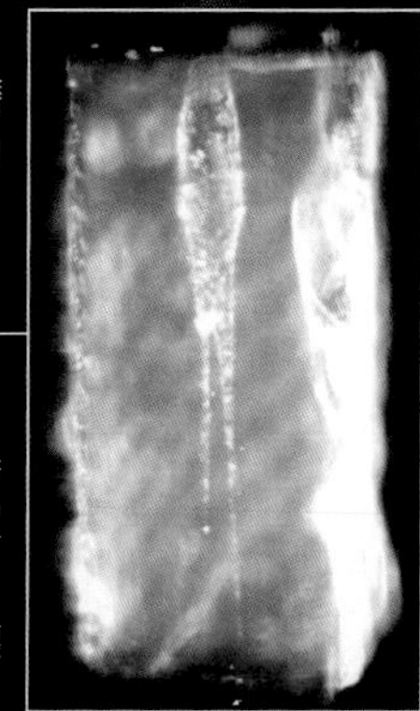

过滤器和催化剂
气凝胶是多孔结构，因此是很好的过滤器和催化剂。美国国家航空航天局（NASA）曾用它们收集怀尔德2号彗星的尘埃。

超材料

指经过纳米技术处理和改造之后获得的自然界中不存在的、具有特殊性能的材料。它们尚处于初期开发阶段，并首先应用于光学领域。

隐形之梦
最令人惊奇的新材料之一是具有负折射率的超材料，它们使我们离发明“隐形装置”或者说“隐形盾”的梦想更近了一步，尽管这听起来更像是科幻小说里的内容。2006年，杜克大学的科学家团队成功利用超材料实现了物体在微波下的“隐形”。

1 电磁波接近由超材料“隐形层”覆盖的物体。

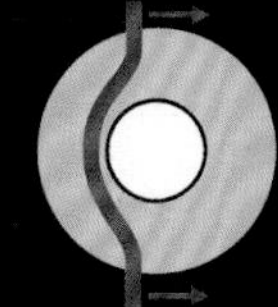

2 电磁波进入该“隐形层”，绕着物体弯曲。

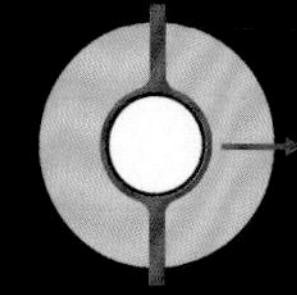

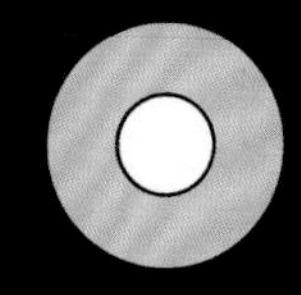

3 电磁波恢复形状，没有变形。“隐形层”没有产生任何反射，因此物体仿佛是隐形的。

力与运动

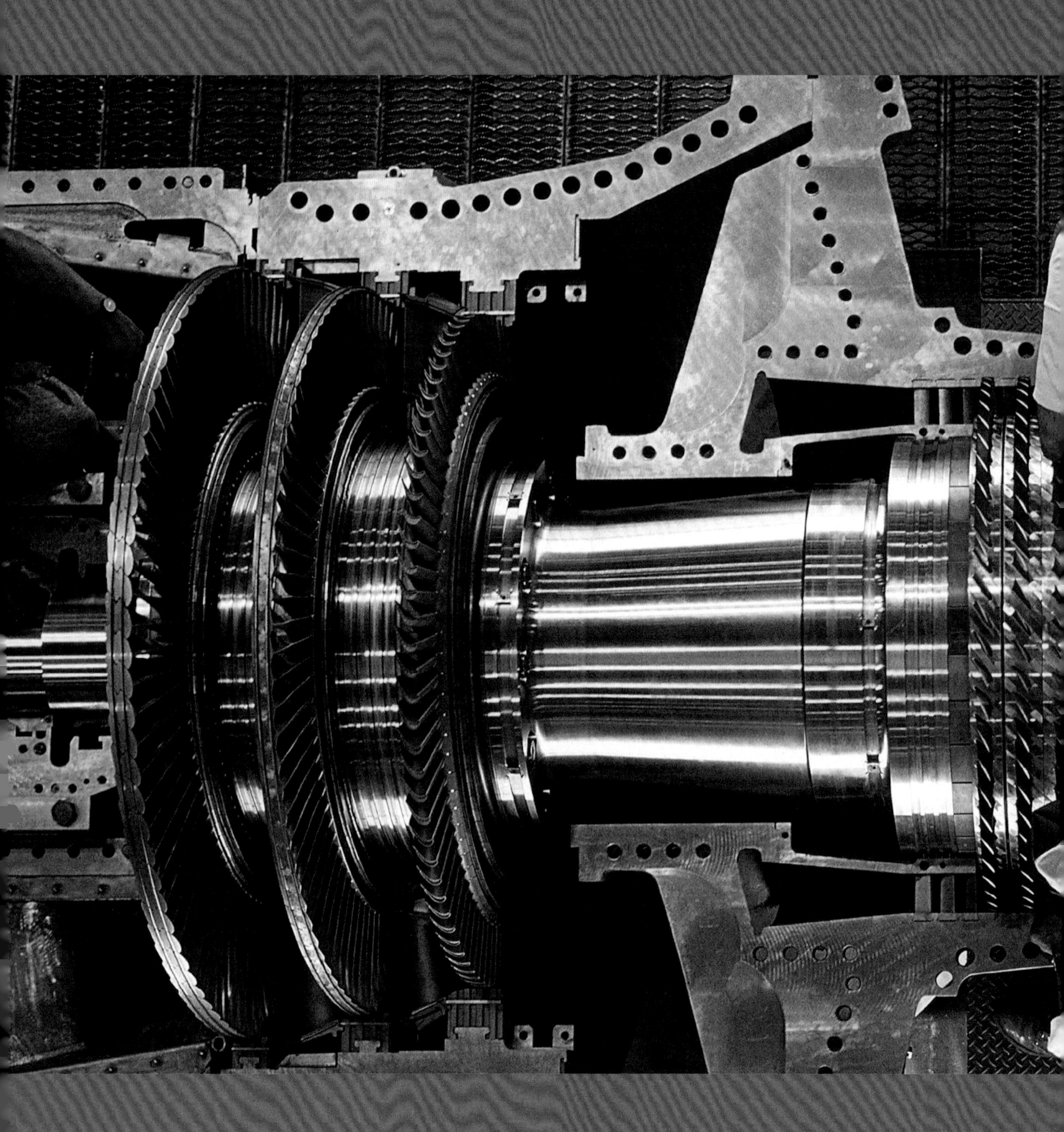

我们生活在运动着的世界中，尽管我们很少花时间去思考这一点。然而，为什么当我们向空中扔东西时，它总是会掉到地上？又是什么使我们的双脚站立在地球上？对于这些问题和其他类似问题的创造性研究，让牛顿发现了一系列规律，

涡轮机
把流体的动能转换为旋转机械能的设备，根据流体不同可分为水轮机、汽轮机、燃气轮机。

力 30—31
引力 32—33
压力 34—35
运动 36—37
简单机械 38—39

并最终奠定了经典物理学的基础。要运动起来，必须得有力量，把这些力量结合在一起，就会产生一系列惊人的效果，比如由风力推动的帆船却可以实现逆风航行。借助机器可以增加力量，这可以让我们节省很多力气。●

力

力这个词总是让人想起强大的机车或竞技比赛中的举重运动员。对物理学家而言，这个概念必须用一些条件来定义，比如能够让静止的物体运动，或改变运动中的物体的速度或运动方向。直到 17 世纪中期，力的概念、属性以及作用还都是未解之谜。此时，牛顿对这一概念做出了定义，这被视为对力的第一次现代定义。现在，科学家们正试图在更深层次上理解所谓的自然界的基本力。

对力的解析

以下是力对物体产生作用的一个基本例子：球杆击打静止的白球，传递了引发白球运动的力；在与其他球碰撞时，白球同样将力传到了其他球上。

加速
力对白球作用的结果是，白球获得加速度，运动状态发生改变。

静止状态
在某些情况下，有些力起了作用，却并没有让受力对象产生运动。在被碰撞之前，这颗球虽然处于静止状态，实际上也受到了力的作用。不过，由于它位于一个稳定的固体平台上，所以受力平衡。除非外力打破这种平衡，否则它会一直处于静止状态。

直线运动
运动轨迹是一条直线的运动，可以分为匀速直线运动和变速直线运动。

接触
在台球桌上，推力、压力、摩擦力等力属于接触力，因为它们只有在物体互相接触时才会产生。相反，电磁力和引力可以定义为非接触力，在一定距离外便可以产生。

艾萨克·牛顿爵士
牛顿被很多人认为是最伟大的科学家。他于 1643 年生于英格兰，对多个科学领域做出了很多重要贡献，比如万有引力定律，以及以他的名字命名的牛顿运动定律，这些定律是经典力学的基础。牛顿在物理学中的光学领域和数学中的微积分领域也做出了重大贡献。他于 1727 年逝世。

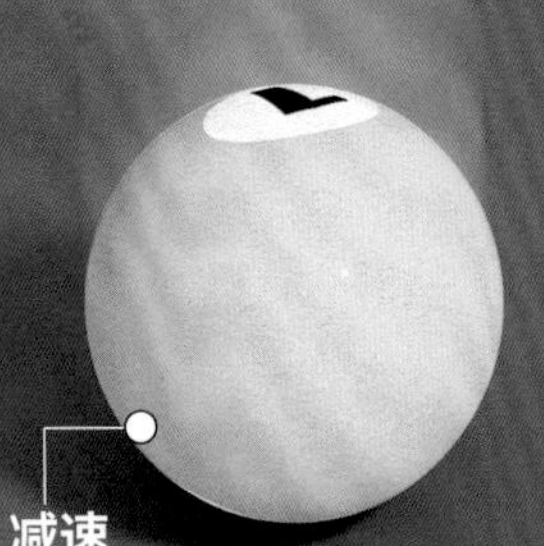

减速
如果没有施加新的力量，运动的球就会因为桌子表面的摩擦力而慢慢减速。

组合和对抗

力可以互相组合或互相对抗，从而产生不同的效果。当力互相对抗时，力大的一方胜出。

借助于不同力的组合，帆船可以逆风而行，也就是迎着风吹来的方向运动。

掰手腕比赛就是力互相对抗的一个很好的例子：臂力和腕力较强的选手就是胜者。

力的测量

测力计（测力仪）被用于力的测量，其测量数值以国际单位制中的牛顿为单位。

弹簧测力计

常见的弹簧测力计依靠一根弹簧工作，当力被施加于弹簧的一端时，弹簧伸展。在弹性限度内，弹簧的伸长量与其所受拉力成正比。

牛顿

牛顿是力的单位。1 牛顿等于使质量为 1 千克的物体产生 1 米 / 秒 ^{2} 的加速度的力。

公式

牛顿　千克　米

$$1N = \frac{1kg \times m}{s^2}$$

秒

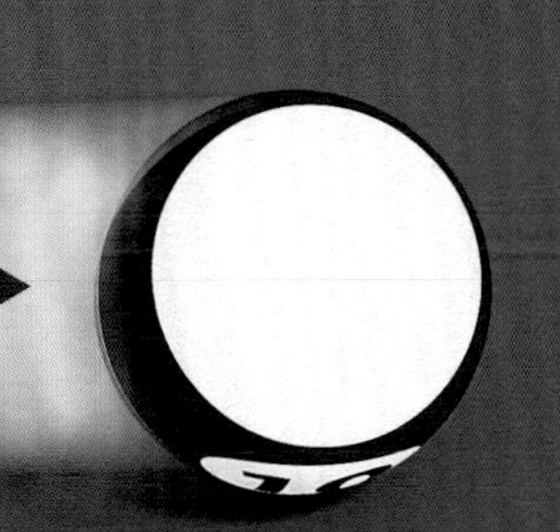

接触力和非接触力

力的分类方法之一，主要依据为是否必须有接触才能产生相互作用。

接触力

物体必须彼此接触，力才能起作用。

非接触力

不需要通过接触来传递的力。地球对物体的引力和磁铁对铁等物质的吸引力都属于非接触力。

涡轮喷气发动机所能产生的力可超过

10 万牛顿。

磁铁

力

金属元件

基本力

物理学家致力于描述自然界的基本力，他们发现有 4 种基本力无法再分解成更简单的力。目前，他们正在试图将这些基本力解释为同一种力的不同表现形式。

引力

存在于任何两个有质量的物体之间的吸引力。在微观粒子的相互作用中，引力与其他 3 种基本力相比可以忽略不计。有科学家认为引力由引力子传递，而引力子是一种尚未被探测到的粒子。

电磁力

这种力将电子与原子核连接起来。它赋予物体形状，与电磁辐射相关。在现代物理模型中，它与弱核力实现了统一。

弱核力

与夸克和轻子等粒子在亚原子水平起作用的力，在放射性衰变中起重要作用。

强核力

与引力不同，强核力在很短的距离内起作用。它将质子和中子束缚在原子核中，克服了质子之间的排斥力。

这些基本力控制着宇宙中的一切。

引 力

引力（有时候也近似地称重力）是日常生活中最常见的现象，也是科学家研究最多的现象之一，同时，它也是人们了解最少的自然现象之一。在人类历史之初，引力的作用就已被人们所知。人们本能地知道，如果把物体扔出去，它们总是会落回地上。但是，直到 17 世纪后期牛顿列出数学方程，我们才能够测量并量化这种力。20 世纪初期，爱因斯坦在其广义相对论中推演出一个更加完整的引力方程。不管怎样，当人们试图找到自然界中各种基本力之间的联系时，引力是所有力中最难以捉摸的。

自由落体

引力是任何有质量的物体之间都会产生的一种吸引力，而不是排斥力；即使是非常小的物体也会对其他物体产生引力，比如一只蚂蚁。

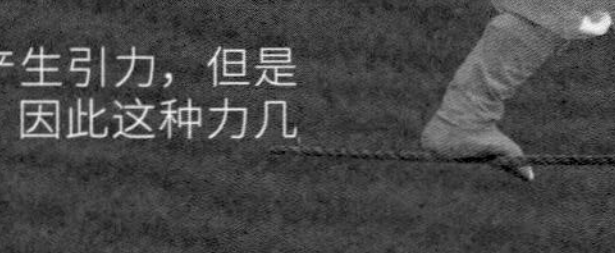

伽利略曾做过一个演示，证明两个物体即使质量不同，在自由落体运动中的加速度也是一样的。

在真空中，同时进行自由落体的羽毛与铅块的下降速度一样。但是在存在空气的环境中，铅块会先落下，因为羽毛的形状使空气对羽毛产生了更强的阻力。

羽毛和铅块之间也会产生引力，但是因为它们的质量很小，因此这种力几乎察觉不到。

走钢丝的人能够靠调整双臂来控制自己的重心，从而在钢丝上平稳地行走。

重心

一个物体的每一个部分都会受重力的影响。重心是物体各部分所受重力的合力的作用点。

天体的引力

行星、卫星和恒星都会对周围物体产生强大的引力，这些天体的引力甚至会扩散到它们自身以外，影响它们的邻居。

月球与月相

地球的引力作用使月亮始终被“困”在距地球约 38.4 万千米处。月球本身不发光，只是反射太阳光。月球绕地球旋转，地球绕太阳旋转，三者的相对位置不断变化，因此人们在地球上看到的月球表面发光部分的形状也在不断变化。人们将月球视面圆缺变化的各种形状统称为月相。

约翰尼斯·开普勒
德国天文学家和数学家，被认为是最伟大的科学家之一。他生于 1571 年，因其关于行星围绕太阳运转的理论而闻名于世。他发现行星的轨道不是圆形，而是椭圆形。他的研究工作是牛顿的运动理论的基础。开普勒于 1630 年逝世。

11.2 千米 / 秒

这个速度是宇宙速度的一级，被称为第二宇宙速度。物体具有这个速度时，就可以克服地球引力，在太阳系中运行。

地球上由重力产生的加速度是 9.8 米 / 秒 ^{2}，也就是说物体在地面附近的真空环境中自由下落的速度每秒增大 9.8 米 / 秒。

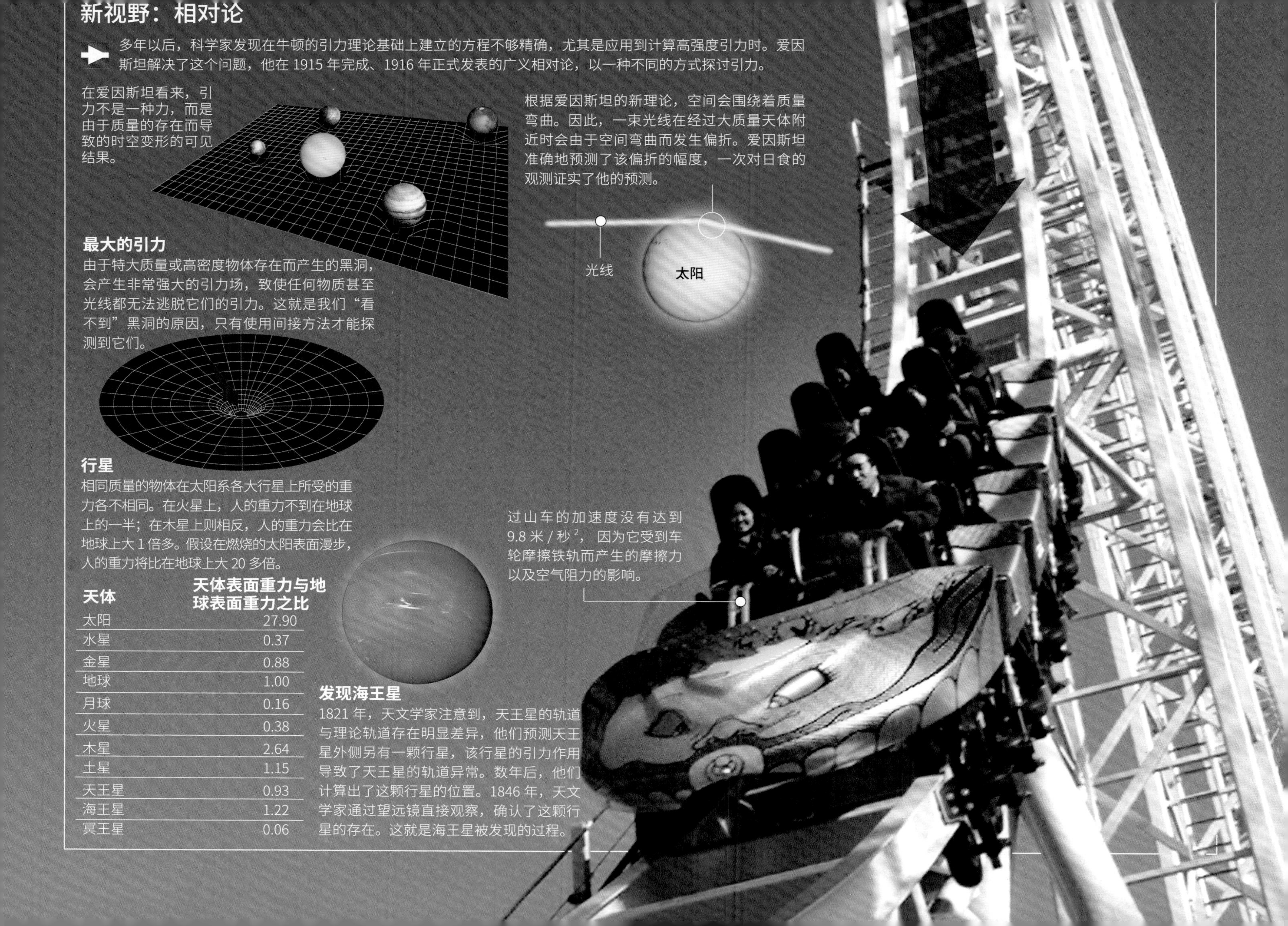

新视野：相对论

多年以后，科学家发现在牛顿的引力理论基础上建立的方程不够精确，尤其是应用到计算高强度引力时。爱因斯坦解决了这个问题，他在 1915 年完成、1916 年正式发表的广义相对论，以一种不同的方式探讨引力。

在爱因斯坦看来，引力不是一种力，而是由于质量的存在而导致的时空变形的可见结果。

根据爱因斯坦的新理论，空间会围绕着质量弯曲。因此，一束光线在经过大质量天体附近时会由于空间弯曲而发生偏折。爱因斯坦准确地预测了该偏折的幅度，一次对日食的观测证实了他的预测。

最大的引力

由于特大质量或高密度物体存在而产生的黑洞，会产生非常强大的引力场，致使任何物质甚至光线都无法逃脱它们的引力。这就是我们“看不到”黑洞的原因，只有使用间接方法才能探测到它们。

行星

相同质量的物体在太阳系各大行星上所受的重力各不相同。在火星上，人的重力不到在地球上的一半；在木星上则相反，人的重力会比在地球上大 1 倍多。假设在燃烧的太阳表面漫步，人的重力将比在地球上大 20 多倍。

天体	天体表面重力与地球表面重力之比
太阳	27.90
水星	0.37
金星	0.88
地球	1.00
月球	0.16
火星	0.38
木星	2.64
土星	1.15
天王星	0.93
海王星	1.22
冥王星	0.06

过山车的加速度没有达到 9.8 米 / 秒^2，因为它受到车轮摩擦铁轨而产生的摩擦力以及空气阻力的影响。

发现海王星

1821 年，天文学家注意到，天王星的轨道与理论轨道存在明显差异，他们预测天王星外侧另有一颗行星，该行星的引力作用导致了天王星的轨道异常。数年后，他们计算出了这颗行星的位置。1846 年，天文学家通过望远镜直接观察，确认了这颗行星的存在。这就是海王星被发现的过程。

压 力

压力是人类早就知道的、甚至在能够对其做出解释之前就能够利用的众多现象之一。当我们把一个气球充满空气或目瞪口呆地看着一个杂技演员躺在一张钉床上时，当我们潜到水下、耳朵感到疼痛时，或当我们惊叹推土机的强大力量时，就会觉察到压力。压力的科学定义是垂直作用在物体表面上的力量，这个概念适用于固体、液体和气体。就气体来说，温度的影响也很重要。

6 200 马力

这是太平洋联合铁路公司早期的“大男孩”蒸汽机车的功率，这几乎相当于 4 台柴油机的功率。1 马力等于 0.735 千瓦。

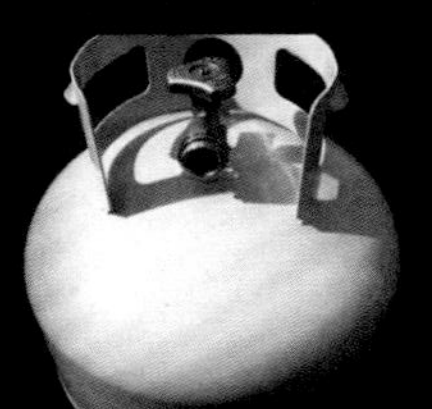

如果没有蒸汽和蒸汽机，就没有最初的铁路系统。

布莱士·帕斯卡

法国数学家、物理学家，生于 1623 年，对于真空和流体静力学研究做出了卓越贡献。作为对他的卓越贡献的特殊表彰，科学界以他的名字命名压力*（压强）的单位。帕斯卡是位多才多艺的科学家，他的发明包括液压机、注射器，以及世界上第一台机械计算器。他于 1662 年逝世。

* 在力学和很多工程学科中，压力一词与压强同义，即用来指单位面积上承受的垂直作用力，以下不再赘述。

气体的力量

虽然气体看起来无影无形，我们甚至无法觉察其质量，但它们可以产生巨大的压力。实际上，气体的压力可以强大到推动一列火车。

在气球内部，气体产生的压力让气球保持膨胀状态。

分子在无序运动中不断地与容器壁（此处是气球内壁）碰撞，从而产生压力。

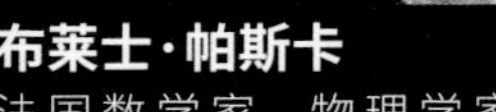

当气体被巨大压力压缩时，它能变成液体。这种现象具有重要的现实意义，特别是需要用较小的体积存储大量的气体时。打火机和液化天然气罐就是常见的例子。

从大气顶部直到海底深处的压力

环绕地球表面的大气和构成海洋的海水都有重力，并因此产生压力。在不同的海拔高度和深度，压力值也不同。

大气压

大气压是地球表面的空气产生的压力。大气压与地球的引力相关，越接近地表，大气压越大。压力（压强）的单位是帕斯卡，标准大气压为 101 325 帕斯卡。

在距离地球表面 10 万米以上的太空中，大气压几乎不存在。在这个高度上，航天员必须穿上加压保护服才能生存。

在海平面以上 2 万米处，水在室温下便会沸腾。这个海拔高度的环境不适于人类居住。

在海平面以上 1 万米处，民用飞机机舱内必须加压，因为气压过低会导致氧气不足。

在海拔 8 000 多米处，地球最高山峰的峰顶，人们需要使用呼吸机或氧气面罩，因为这里的空气非常稀薄，压力非常低。

在海平面以上 4 600 米处，普通飞机可以不使用增压座舱。在这个高度上，也有一些城市，比如玻利维亚的拉巴斯。

标准大气条件下海平面上的大气压即为 1 个标准大气压。

自由潜水运动员可以潜入海平面以下 120 米。

潜艇有强化结构，可以潜入海平面下几百米或更深的深度。

在水下 3 000 米的深度，虽然寒冷、黑暗、压力很高，但依然生活着多种多样的生物。抹香鲸和巨型乌贼可以下潜到这个深度。

马里亚纳海沟的最大深度为海平面以下 11 034 米，是水下压力最高的地方。

水压

是指水的重力产生的压力，随着深度增加而增大。

温度的影响

温度对气体压力有重要影响。

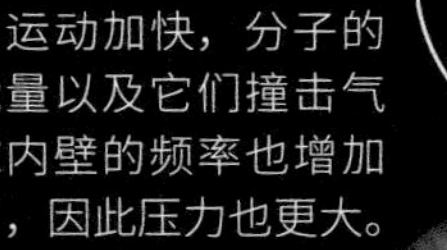
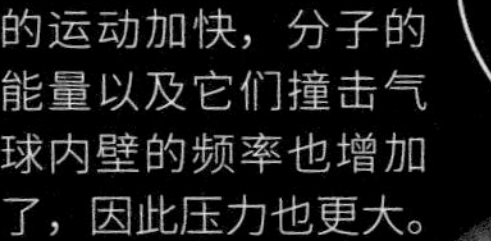
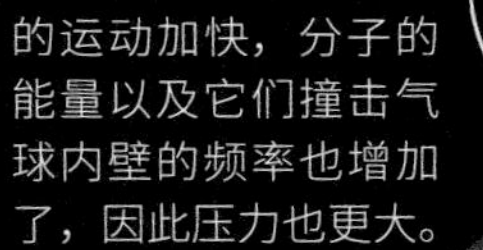
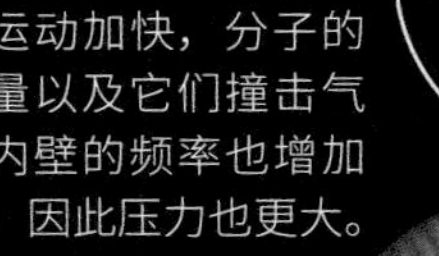
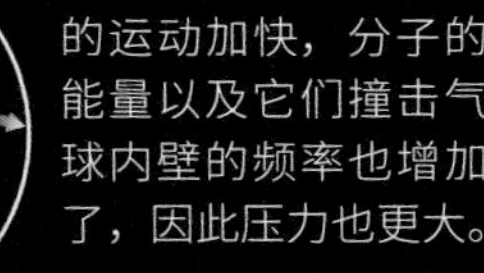
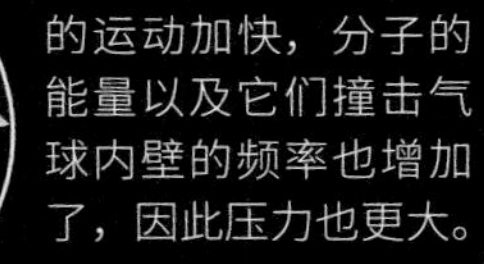
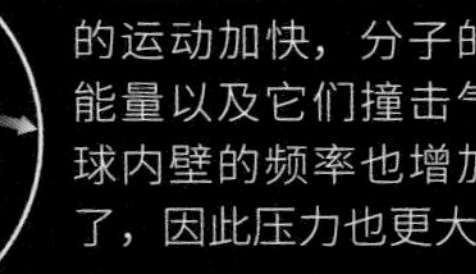
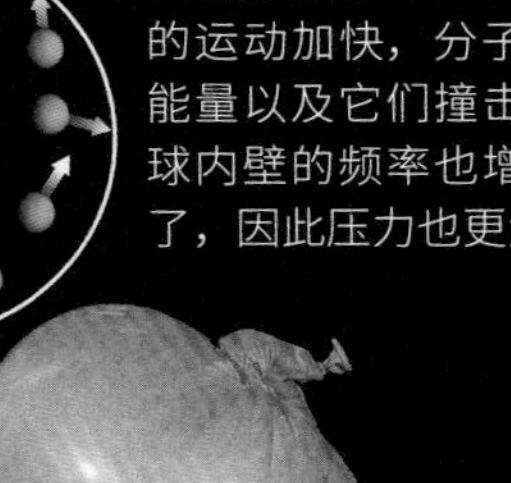
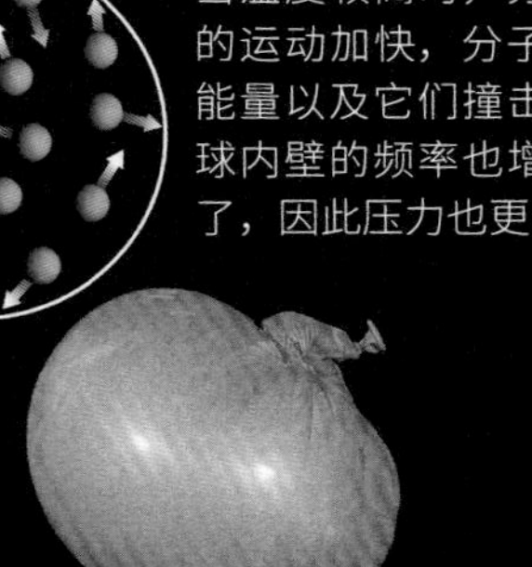
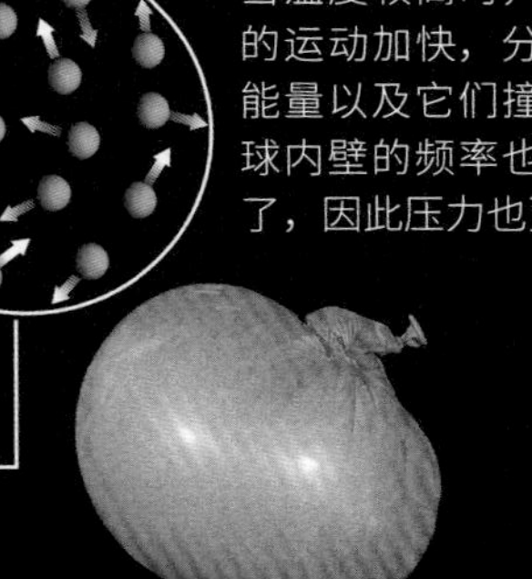

当温度下降时，分子运动速度变慢，与气球内壁碰撞的频率也会降低。

当温度较高时，分子的运动加快，分子的能量以及它们撞击气球内壁的频率也增加了，因此压力也更大。

杂技演员的秘密

杂技演员是如何躺倒在一张布满尖锐钉子的床上而不被刺穿的呢？答案除了他的勇气，就是其身下的装置。

压力可以定义为力对特定表面积的作用。意思是说，相同的力在一小块面积上产生的压力要比该力分散在一块较大面积上的压力强度高。

如果杂技演员的身体全部放在一颗钉子上，力作用的表面积会非常小，钉子就会穿透杂技演员的身体。

的里雅斯特号

这是 1960 年潜入海洋最深处——马里亚纳海沟的深海潜水器的名字。它在当时创下了 10 911 米的下潜纪录。

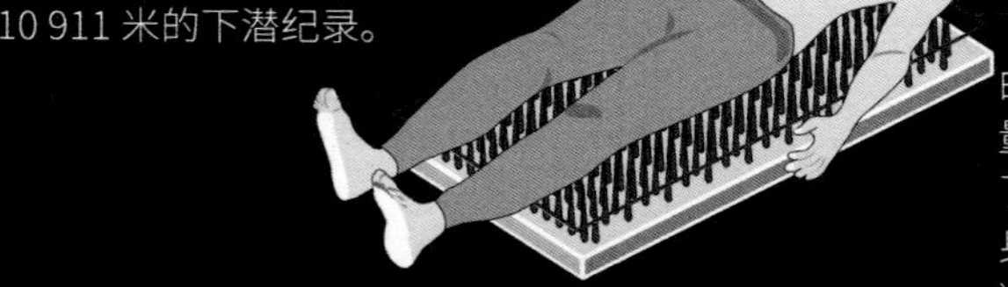

由于杂技演员躺在了大量的钉子上，力分散到了大得多的表面积上，身体单位面积承受的力减小，因此钉子不会刺穿他的身体。

运 动

从原子到恒星和行星，整个宇宙处于不断运动的状态中。但是，人类经过了数千年才理解了这一现象，并总结了一批规律来解释这一现象（源自牛顿的敏锐观察）。物体需要外力作用才能改变其运动状态。

约瑟夫·路易斯·拉格朗日

数学家、天文学家和物理学家，1736年生于意大利都灵，因其为科学界做出了众多贡献而闻名于世。其中包括中值定理、代数的众多研究成果和拉格朗日力学，以及对牛顿的假设的重新论述。他把力学体系的运动方程从以力为基本概念的牛顿形式，转变为以能量为基本概念的分析力学形式，奠定了分析力学的基础。拉格朗日还是一位成果丰硕的天文学家。他生活在法国和普鲁士，于1813年逝世。

运动中

运动中的物体会形成一条轨迹，这条轨迹取决于物体的初速度和合外力，如果物体是在地球表面运动，要考虑摩擦等现象产生的阻力。

加速和减速

加速度是描述单位时间内速度变化的物理量。在直线运动中，当加速度与速度方向相同时，物体加速运动，反之物体则减速运动。

摩擦

在地球表面，飞镖受到与空气摩擦而产生的阻力（摩擦力）*。其水平速度由于该阻力而减小，其垂直速度由于地球的引力而增大。

30 千米 / 秒

这是地球围绕太阳运行的速度。但是由于惯性作用，我们几乎觉察不到它。

不同事物典型的运动速度

光线	30 万千米 / 秒
旅行者号探测器	5.5 万千米 / 时
喷气战斗机	3 500 千米 / 时
声音（在空气中）	1 224 千米 / 时
赛车	330 千米 / 时
猎豹	90 千米 / 时
人（步行）	5 千米 / 时
蜗牛	8 米 / 时
构造板块	3 厘米 / 年

圆周运动

我们可以很容易地在车轮、风扇和很多游乐园的骑乘项目（比如摩天轮）中看到圆周运动。物体被放置到围绕中心旋转的圆环上，这样这个物体就必须不断地改变运动方向。

向心力

物体做曲线运动所需的指向曲率中心（圆周运动时为圆心）的力。

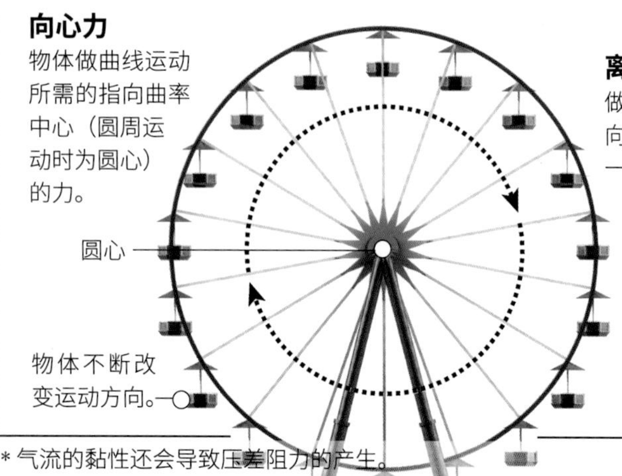

离心力

做圆周运动的物体受到离心力的影响，其方向与向心力相反，它将物体推离中心。事实上，这是一种假想的附加力，也就是一种惯性力。

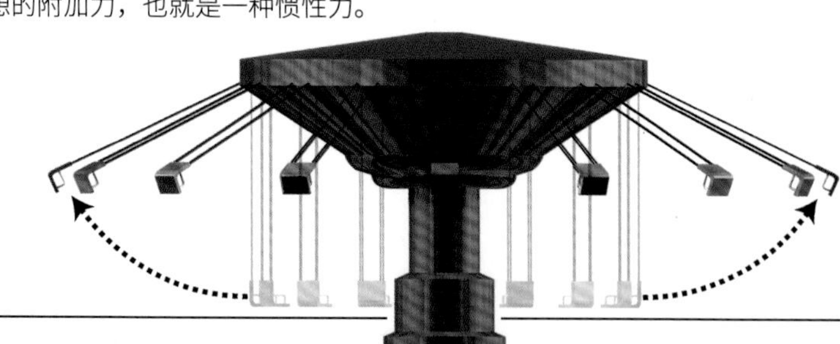

* 气流的黏性还会导致压差阻力的产生。

摩擦力

当两个相互接触的物体发生相对运动或有相对运动趋势时，在接触面上产生的阻碍相对运动的力。由于摩擦力的存在，鞋子能抓牢地板，汽车刹车能够起作用，而我们能够用手握住水杯不使其坠落。

摩擦能够将物体的动能转化成热能，所以我们可以点燃火柴。

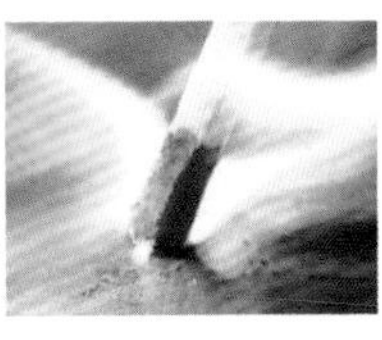

要减小摩擦力，可以使用润滑剂，比如润滑油和润滑脂。

1 650 ℃

这是航天飞机以高速再入地球大气时因摩擦所产生的温度。

惯性和动量

物体具有维持自身原有的静止或运动状态的倾向，这种特性被称为惯性。惯性的大小只与物体的质量有关，质量越大，惯性越大。运动中的物体具有动量，它的大小等于物体质量和速度的乘积。

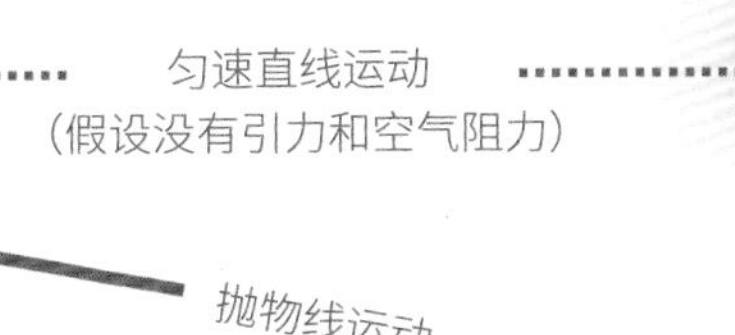

动量可以在物体之间传递。如果目标没有固定住，飞镖在接触目标时会将一部分动量传递给目标，这将导致目标移动。

速度

如果我们测量飞镖在一定时间内飞过的距离，就可以确定它的速度。

$$速度=\frac{距离}{时间}$$

匀速直线运动（假设没有引力和空气阻力）

引力

抛物线运动

飞镖沿抛物线轨迹飞行。在不考虑微小的空气阻力的情况下，飞镖的曲线运动可以理解为水平方向匀速直线运动和竖直方向加速运动的合成。

牛顿定律

17 世纪，牛顿推导出了解释运动的 3 个基本定律（牛顿运动定律，又称牛顿三定律），这是有史以来物理学的最大成就之一。

牛顿第一定律

任何物体都将保持静止或匀速直线运动状态，除非有外力迫使它改变此状态。

牛顿第二定律

物体加速度的大小与其所受的作用力成正比，与物体质量成反比，加速度方向与作用力方向相同。

牛顿第三定律

相互作用的两个物体之间的作用力总是大小相等，方向相反，且作用在同一直线上。例如直升机螺旋桨转动时对空气有向下的推力，直升机同时获得向上的升力。

简单机械

简单机械简单而且灵巧，方便了日常生活中杂事的处理。由机械部件组成的机械装置丰富多样，但都有一个基本前提：它们必须能够改变力的大小或方向。简单机械包括滑轮、杠杆、斜面、尖劈等，它们虽然古老，但仍广泛应用于各种现代机械设备中。

增加力量

骑自行车这种简单动作利用了一系列机械，这些机械让我们仅靠移动双脚就能够以比跑步更快的速度前进。

齿轮

齿轮对于增大或减小作用力以及改变作用力的方向非常有用。

如果一个齿轮与另一个有更多齿的较大齿轮啮合，那么第二个齿轮会转动得较慢，但是会更省力。在自行车上，这种齿轮关系经常用于爬坡阶段。这样，骑车人会觉得自行车“更轻”，但如果要保持速度，就需要更频繁地蹬踏。

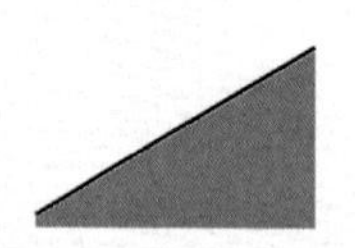

如果齿轮与另一个齿数较少的较小齿轮啮合，那么第二个齿轮会转动得更快，但是需要更多力量。骑车人利用这种关系以更低的蹬踏频率达到更快的速度，虽然感觉自行车“更重”了。

斜面

这样的道路让我们只借助较小的力量就可以到达一定的高度。不过，如果要减少施力，斜面的角度必须减小，也就是说，起点和终点之间的距离必须增大。

山路一般都是蜿蜒曲折的，这样发动机可以用较小的力量推动汽车到达山顶，虽然汽车必须行驶更长的距离。

螺钉

应用与斜面相似的原理，螺钉的螺纹绕着一个圆柱体或圆锥体盘旋，螺纹越细密，拧紧它所需的力气越小，虽然拥有细密螺纹的螺钉需要拧更多圈才能完全拧入。

滑轮

简单来说，滑轮就是周缘有沟槽的轮子，可以绕中心轴旋转，能穿上绳子，多用来提起重物。

滑轮组由若干滑轮组成，通常滑轮的数量和绳子的段数越多，用来提拉重物所需的力量就越小。但是，绳子所需要移动的距离会更长，这样才能维持做功的总量。

滑轮
绳子
滑轮
重物

复杂机械

复杂机械是由多个简单机械构成的。例如在自行车上，我们可以找到杠杆、齿轮、轴、车轮等，它们组合起来优化自行车的性能。

杠杆

杠杆是最简单的机械之一，杠杆与支点相连，能够“放大”作用力，以相对较小的力量托起重物，但是必须在较长的距离外施加力量。支点到动力 / 阻力的作用线的垂直距离被称为动力臂 / 阻力臂。动力臂大于阻力臂可省力，反之则费力。

杠杆的类型

第一类杠杆

支点在动力点和阻力点之间。既可以是省力杠杆也可以是费力杠杆。

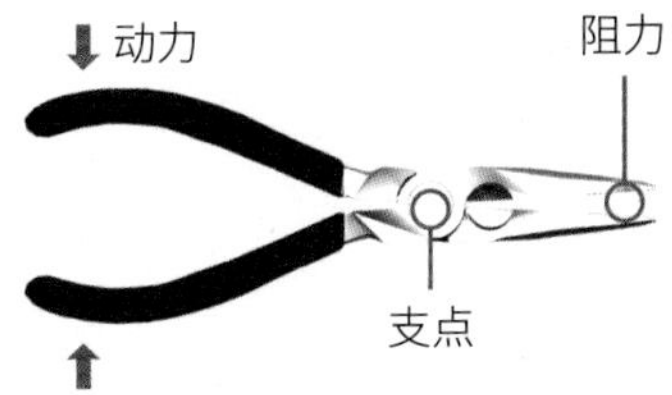

第二类杠杆

阻力点位于动力点和支点之间。动力臂大于阻力臂，是省力杠杆。

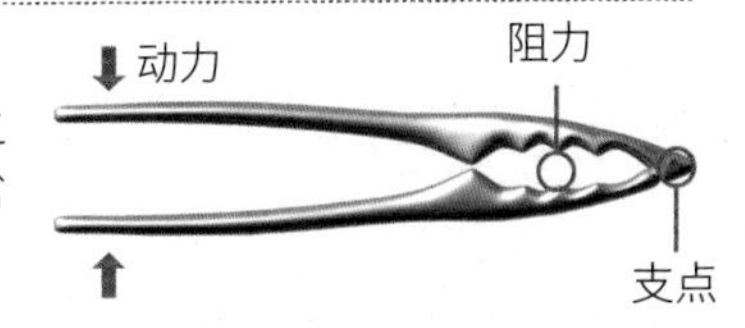

第三类杠杆

动力点在支点和阻力点之间。阻力臂大于动力臂，是费力杠杆，但可以节省动力移动的距离。

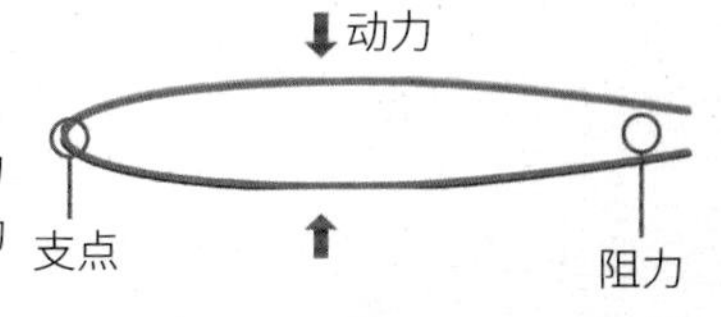

223 吨

这是一台 K-10000 塔式起重机能够提起的物体的质量。该起重机高 120 米，是世界上最大的起重机。它采用一套分为 6 个部分的复杂的滑轮系统。

阿基米德

古代最著名的科学家之一，公元前 287 年生于西西里岛的叙拉古，当时这座城市是古希腊的殖民地。阿基米德有众多的发明和发现，绝大多数都是后来的科学发展的基础，其中包括对杠杆的研究。当时世人已经知道杠杆的作用很长时间了，但是阿基米德提供了解释杠杆原理的理论框架。对于杠杆，他曾经说过一句很著名的话，“如果给我一个支点，我能撬动地球”。公元前 212 年，古罗马人袭击叙拉古时将阿基米德杀害。

轴转动 1 圈的同时会带动车轮也转动 1 圈，因为车轮的周长更长，所以它将前进更远的距离。

能量的表现形式和近代物理理论

灯丝
下图是灯丝的图片（放大 200 倍）。当电流通过时，它们变得炽热而发光。

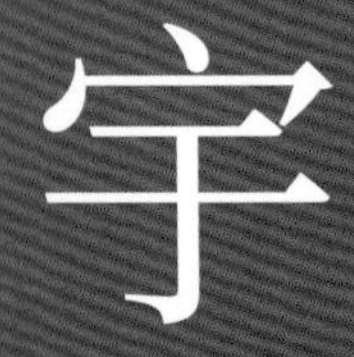

宇宙中的能量既不会凭空产生，也不会凭空消失。能量可以从一个物体转移到另一个物体，或从一种形式转化为另一种形式，光、热和电都是能量的表现形式。在本章中，你将学习能量的相关知识，了解在 20 世纪初期对物理学产生重

大影响的新理论——相对论和量子力学。相对论描绘了宇宙尺度上的物理学规律。在宇宙中，能量、质量和速度都能获得惊人的量级。量子力学则描述了世界是如何在微观层面上运作的。●

能量和功

宇宙即能量。在每个亚原子粒子和每个生物体中，在陆地上或大气中发生的任何事件里，不管其规模大小，能量都在其中起着重要的作用。但是，能量不是一种物体，不是某件实物。一般说来，当人们谈论能量时，实际上是指能量可见的结果，比如光、热或运动。此外，能量不能被创造或毁灭，只能转移或转化。为了更好地理解能量这个术语，可以根据能量的表现形式对其进行分类。●

机械能

机械能的概念源自对物体的位置和速度的研究。这种能量基本上是 2 种能量——动能和势能之和。

动能

运动中的物体具有动能，它可以消耗这种能量来改变其他物体的运动状态。

一个物体的动能取决于该物体的质量和速度。质量和速度越大，动能也越大。

势能

又称位能，相互作用的物体由于所处的位置或弹性形变等而具有的能量。常见的势能有重力势能和弹性势能。

把石头从地面抬高到空中后，石头的重力势能会增大。

当弹簧被拉伸或压缩时，弹簧的弹性势能会增大。

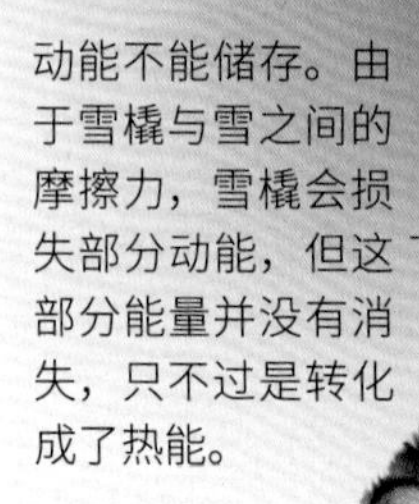

动能不能储存。由于雪橇与雪之间的摩擦力，雪橇会损失部分动能，但这部分能量并没有消失，只不过是转化成了热能。

尤里乌斯·范·迈尔

1814 年生于德国。他是物理学家和医生，对人体的新陈代谢做了很多重要研究，还展示了机械能可以转化为热能，反之亦然。1846 年，他阐述了能量守恒定律，根据该定律，在一个封闭系统中，能量可以转化，但是绝不会增减。迈尔于 1878 年逝世。

生命的发动机

当某种生物摄取食物时，它可以从食物中获取能量，这些能量以化学能的形式储存在生物体内，在新陈代谢时释放。

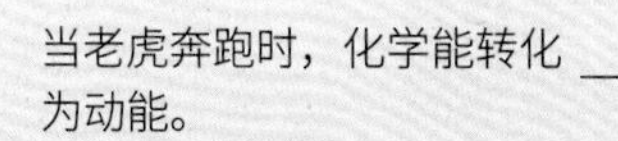

当老虎奔跑时，化学能转化为动能。

90%

自行车的机械效率可以达到90%，也就是说有90%的输入功转化为有用功。

汽车爬坡时，由于重力原因，其动能变小并转化为势能。

当车辆下坡时，势能就会释放。

电能

20世纪初以来，人们所知的很多做功形式之所以成为可能，是因为有了电能。当由导体（比如铜导线）连接的两个点之间有不同的电位（又称电势）时，就能产生这种能量。

电能最常见的使用形式之一就是照明。使用电灯时，电能转化为光能和热能。

大自然最强大的现象之一——闪电，就是电能的一种表现形式，其中部分能量转化为光和热。

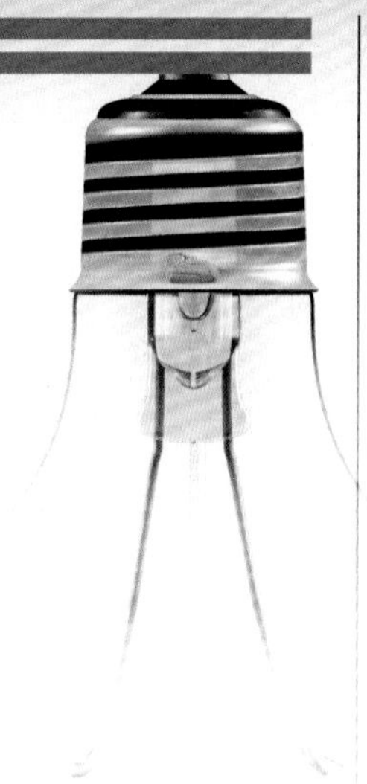

电池储存电能。

一次闪电产生的电压可高达

10亿伏特。

功

功是能量变化的一种量度，对物体（系统）做功，或者物体（系统）对外界做功，物体（系统）的能量便会相应增减。

足球运动员对足球做功的同时，足球的动能增加。

单位：焦耳

功的单位为焦耳。1焦耳就是用1牛顿的力将物体在力的方向上移动1米所做的功。

1米

$$1J = 1kg \times \frac{m^2}{s^2}$$

焦耳（J）　千克（kg）　米（m）　秒（s）

能量的单位也是焦耳。

1 000万焦耳

这是成年男性平均每天所消耗的能量。

热

远在农业或文字发明之前，人们就已经学会利用热（火）来取暖、煮饭、保护自己免受野兽伤害。后来，科学家成功地解释了热的物理学原理。在微观层面上，热与构成物质的原子和分子的运动相关，而且，这是一种能量形式。热可以由不同的机制产生，可以通过不同的物质传递，传递效率或高或低。热可以测量，通常以焦耳为单位。

探究其来源

火常被认为是热的同义词，虽然准确说来，火并不等同于热。热能是构成物质的原子或分子的无规则运动（振动）所产生的能量，其宏观表现是温度的高低，通常也指热量；热量是指系统与外界或者系统内各部分之间因存在温差而发生传热时传递的能量，通常指热能的多少。

在太阳内部发生着强大的聚变反应，这种反应以热的形式释放巨大的能量。

太阳每秒消耗 6 亿吨氢，并将其转化为氦。

摩擦

当两个运动中的物体相互摩擦时，摩擦力将它们的部分动能转化为热能。火柴头和擦火面摩擦产生的热量引发了后续反应。

化学反应

化学键中存储的能量可以在化学反应中以热量的形式释放。

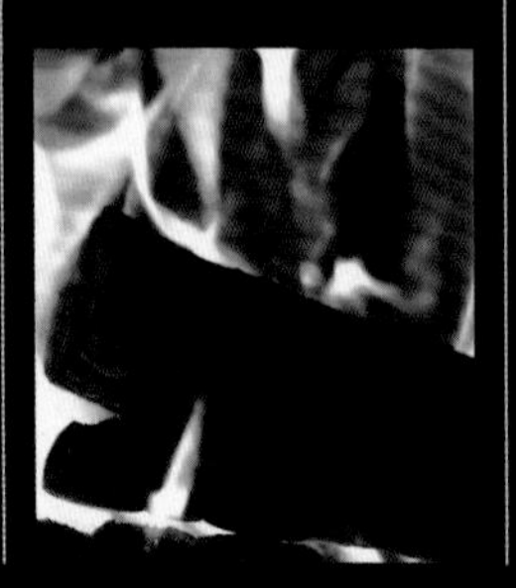

电磁热损耗

大的磁体导致材料中的分子振动。振动越剧烈，动能越大，损失的能量越多。

热和温度

热和温度相关，虽然它们是不同的概念。热是能量，而温度仅仅是物体冷热程度的量度。

火加热了气球内的空气，或者说，热量提升了气球内的温度。

因为热空气比冷空气密度小，所以气球升高。

58 °C

这是 1922 年在利比亚阿济济耶记录到的气温，这是有记录以来的世界最高气温。

热传递的方式

像其他形式的能量一样，热量可以通过不同的介质传递，但是总是遵循一条基本定律：从温度较高的物体传递到温度较低的物体。

1 热传导

物体各部分之间不发生相对位移或不同物体直接接触时，靠分子、原子等微观粒子的热运动传递热量的过程。

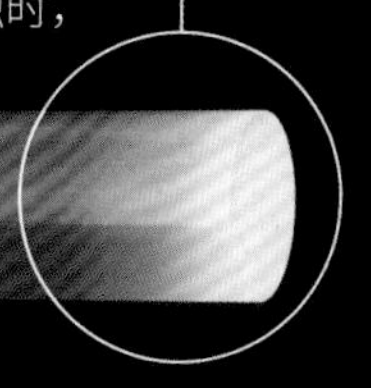

世界上有各种导热性不同的材料。比如金属就具有良好的导热性，而有些材料，如玻璃纤维，导热性非常差，常用作“绝热体”。

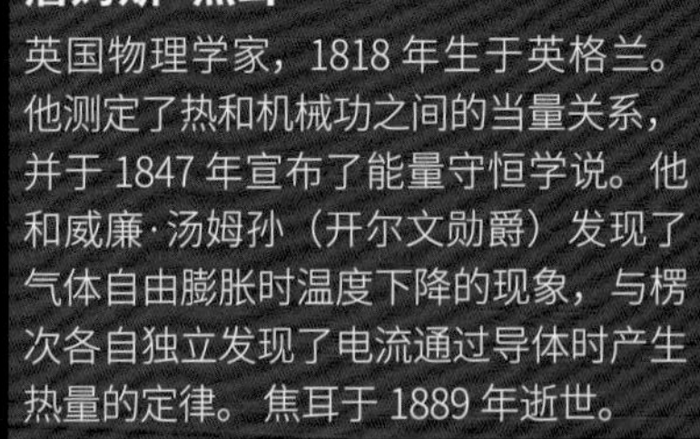

詹姆斯·焦耳

英国物理学家，1818 年生于英格兰。他测定了热和机械功之间的当量关系，并于 1847 年宣布了能量守恒学说。他和威廉·汤姆孙（开尔文勋爵）发现了气体自由膨胀时温度下降的现象，与楞次各自独立发现了电流通过导体时产生热量的定律。焦耳于 1889 年逝世。

2 热辐射

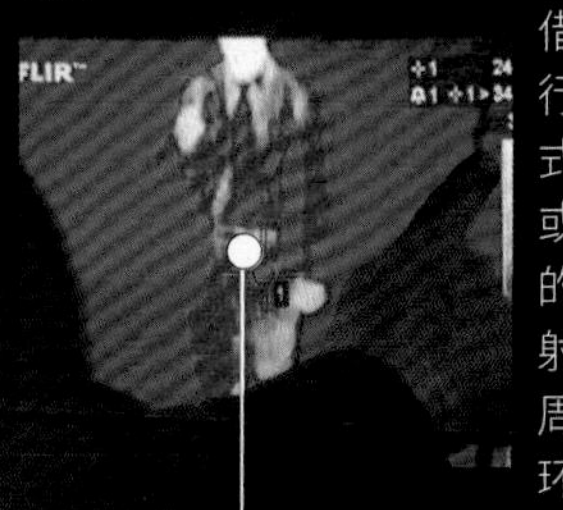

借助电磁辐射进行热量传递的方式。例如，人体或热的物体产生的热量通过热辐射的形式传递到周围温度较低的环境中。

能够探测红外辐射的相机，可以显示人体的热辐射情况。

3 热对流

流体依靠宏观运动进行的热传递，伴随着大量分子的定向运动。热对流会对大气产生巨大的影响，这让我们能够解释一些气象过程，比如风。

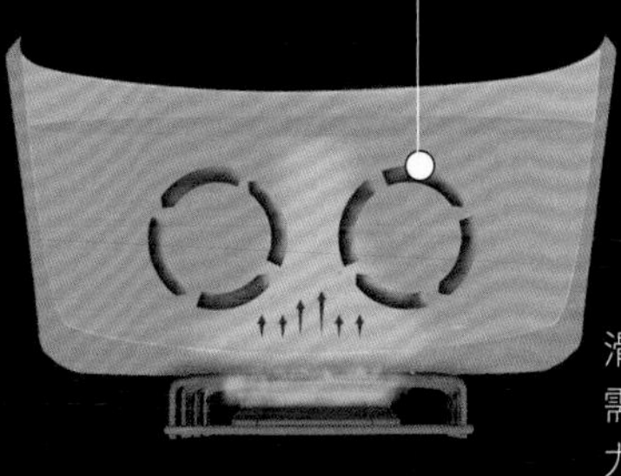

当热传递的介质是流体时，能量较高（高温处）的分子倾向于上升到能量较低（低温处）的分子上面，从而产生对流，分散热量。

滑翔机大多没有动力装置，需要依靠上升气流（包括热力上升气流等）来翱翔。

日冕的温度超过 100 万°C。

温度和卡路里

温度可以用温度计来测量，温度的数值表示法称为温标。而热量的测量方式不同，可以用热量计测量。

温标

摄氏温标（°C）

在水的冰点（0 °C）和沸点（100 °C）之间做 100 等分得到的温标。

华氏温标（°F）

其概念与摄氏温标类似，但是规定水的冰点为 32 °F，沸点为 212 °F，两者之间做 180 等分。

热力学温标（K）

热力学温标以绝对零度作为起点，理论上，这个温度是不可能达到的。绝对零度相当于 −273.15 °C。

卡路里

简称卡，是热的非法定计量单位。

1 卡路里最初被定义为在 1 标准大气压下使 1 克纯水温度升高 1 °C所需的热量，后来衍生出多种不同定义。

高温计

这种仪表用于测量 500 °C 以上的高温。

磁 性

简单来说，磁性指的是某些物质具有吸引铁、钴、镍等金属的性质。具有磁性的物体称为磁体，磁体上磁性最强的区域被称为磁极，磁极总是成对出现。当磁体可以在水平面内自由转动时，指南的磁极称为南极，指北的磁极称为北极。磁体周围存在着一种能够传递磁力作用的特殊的场，称为磁场。地球周围存在着一个巨大的磁场，称为地磁场。

罗盘

罗盘有一根磁针，能够在标有方位刻度的水平面上转动。这根磁针随地磁场转动，使我们能测定方向。

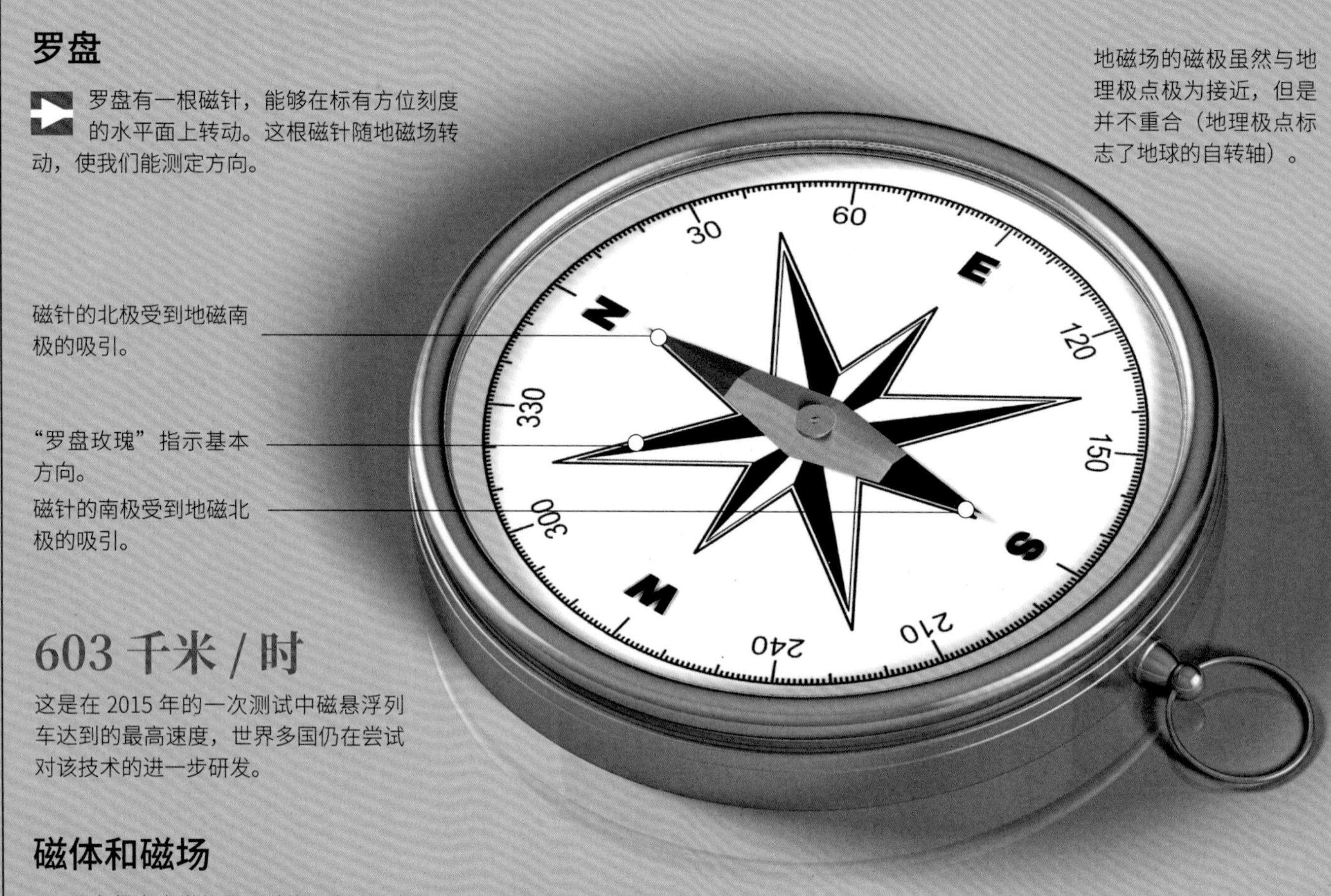

地磁场的磁极虽然与地理极点极为接近，但是并不重合（地理极点标志了地球的自转轴）。
磁针的北极受到地磁南极的吸引。
“罗盘玫瑰”指示基本方向。
磁针的南极受到地磁北极的吸引。
N
E
S
W
30
60
120
150
210
240
300
330

603 千米 / 时

这是在 2015 年的一次测试中磁悬浮列车达到的最高速度，世界多国仍在尝试对该技术的进一步研发。

磁体和磁场

在很多个世纪里，磁体一直被认为是一种神奇的物体，后来，科学家解开了这个秘密。

1 构成物体的粒子通常是无序排列的，其间的力量相互抵消，因此物体没有磁性。

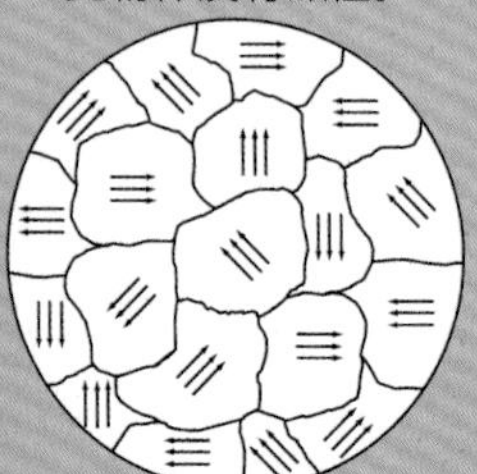

2 将该物体放到磁体附近，会使物体内所有的粒子按同一个方向排列，从而产生磁性。*

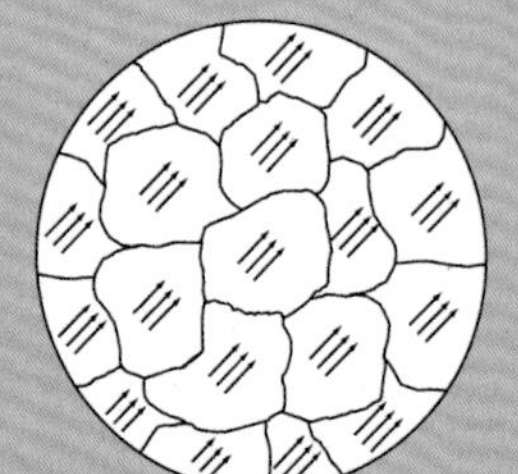

磁体在其附近产生磁场，靠近磁体的物体受磁场影响。

* 以上只是关于物质磁性的一种非常简化的解释，对此感兴趣的读者可以进一步了解相关的分子电流假说和磁畴理论。

地球，一个巨大的磁体

有科学家指出，地核内液态铁的流动导致地球周围产生了磁场，但地球产生磁场的准确机制目前仍然是一个谜。

磁极

地磁场的磁极并没有固定的位置，目前地磁南极在地理北极附近，地磁北极在地理南极附近。随着时间推移，它们不断改变位置，直到完全颠倒。在过去的 500 万年里，这种地磁反转现象发生过 10 次之多。

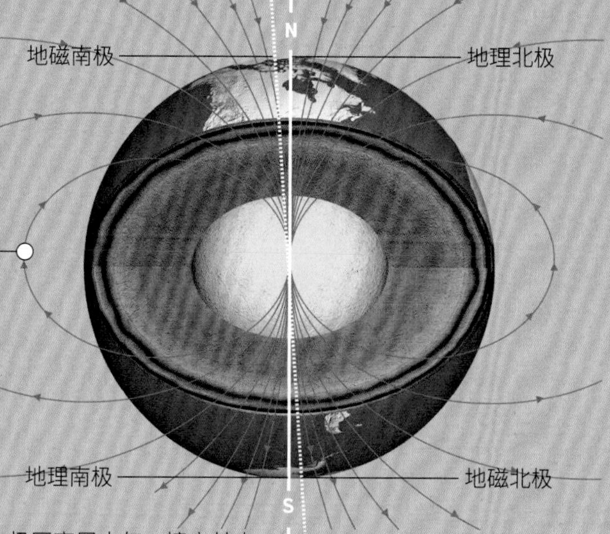

泰勒斯

古希腊米利都学派的创始人、西方哲学思想的开创者，同时也是杰出的天文学家和数学家，他还是已知最早提到磁性的文献的作者。泰勒斯生于公元前 7 世纪，他研究了古希腊马格尼西亚地区能够吸引某些金属的黑色石头。除了一些逸闻趣事，我们对泰勒斯的生平知之甚少，因此不能准确地知晓他的生卒日期。

北极光

来自太阳的高能带电粒子进入极区高层大气，撞击其中的分子和原子，这就产生了美丽的南、北极光。

1. 太阳发射粒子，这些粒子进入太空，形成太阳风。
2. 太阳风受到地磁场的作用而转向。
3. 有些粒子（电子和质子）受到地磁场的控制，转向两极。
4. 粒子与大气中的氧原子和氮原子碰撞，原子转变为激发态，以光的形式释放能量。

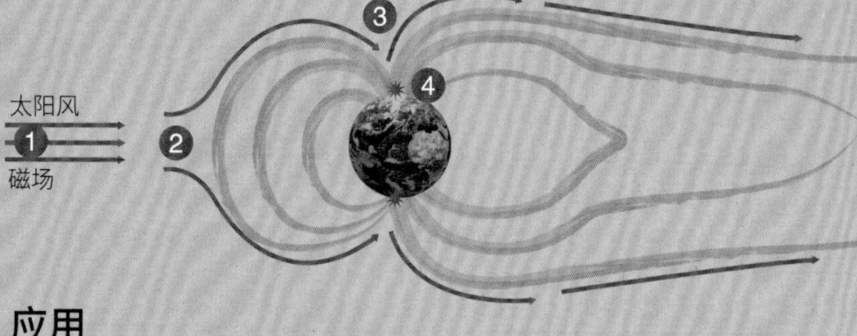

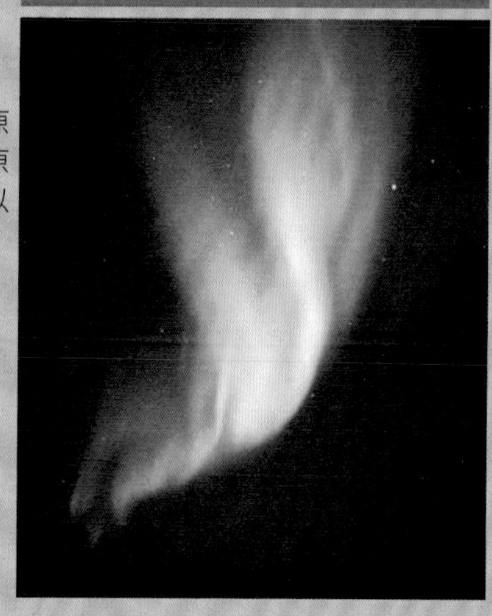

应用

自 19 世纪末以来，磁现象被广泛应用于不同领域。

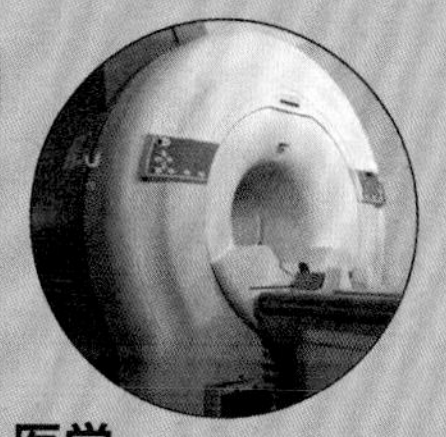

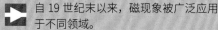

电器
对于磁和电之间密切关系的研究，使得电话、电视、收音机和如今我们使用的大量电器的发展成为可能。

医学
核磁共振和计算机断层扫描术（CT）等诊断方法对医学产生了革命性影响。这些技术都是以磁学原理为基础发展起来的。

起重
配有强大磁体（电磁铁）的起重机可以提起很重的金属物体。电磁铁通电后，铁芯磁化，产生强大的吸力。

运输
依靠电磁系统产生的吸引力或排斥力托起列车，列车就可以悬浮在导轨上运行，这减少了摩擦阻力，列车可以高速行驶。

存储
几十年来，磁带被用于存储音乐、视频和计算机文件，尽管这种方法正逐渐被更现代化的数字系统取代。

导航
很多个世纪以来，人们都依靠罗盘指引方向。如今虽然卫星导航更受青睐，但罗盘仍然被广泛应用。

电

日常生活中几乎没有什么能与断电所造成的影响相提并论了。电灯、电冰箱、电视机、台式计算机、空调，有时候还要加上水泵，可能只有在这些东西断电的时候，我们才能真正地不再低估能量的价值，并花点时间认识电能这种世界上最常见能量之一的重要性。第一位从科学角度观察和研究摩擦起电现象的人是古希腊的泰勒斯，不过他可能不会想到这种引起他很大兴趣的自然现象对未来的影响如此之大。

本杰明·富兰克林
这位“万能博士”生于 1706 年，是历史上最多产的人之一。富兰克林的头衔包括政治家、印刷工、记者、发明家、社会活动家等。他既是美利坚合众国的开国元勋之一，也是电学研究的先驱。在一次暴风雨中，他举起一个带有铁丝的风筝，将天电收集到莱顿瓶中，证明了闪电是大气中的放电现象。由于这个著名的科学实验，他作为科学家而被世人铭记。他还发明了避雷针、双焦距眼镜、马车里程表等。他于 1790 年逝世。

电子的问题

电这种现象发生在原子层面上，与某些介质中的自由电子的行为和运动有关。

静电

在适当的情况下，当我们触摸金属物体、布料甚至另一个人的皮肤时，会发生弱电击。我们对于静电的认识往往源自这些弱电击带来的不愉快和惊奇。

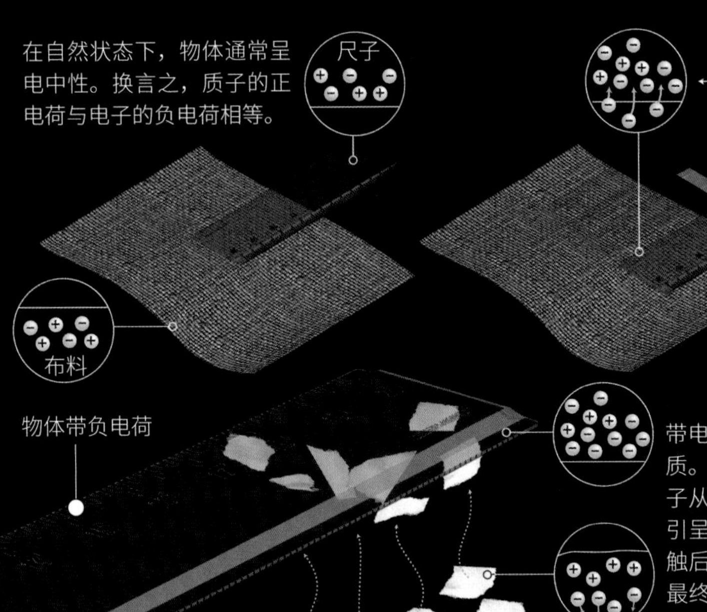

在自然状态下，物体通常呈电中性。换言之，质子的正电荷与电子的负电荷相等。

当两个物体互相摩擦时，电子从一个物体流动到另一个物体上。一个物体提供电子，另一个物体接收电子，这样就会产生不平衡。我们说失去电子的物体带有正电荷，而获得电子的物体带有负电荷。

带电体具有吸引轻小物体的性质。这里与布料摩擦后得到电子从而带负电荷的尺子能够吸引呈电中性的小纸片。二者接触后，电子会再次发生转移，最终小纸片会掉落。

如果带电体与接地的物体（比如人体）接触，就会产生放电行为。在右图这种情况下，带正电荷的手指接近带负电荷的金属（带有过量电子）。如果此人没有电绝缘，他就相当于一个导体，这就是讨厌的电火花或电击产生的原因。

电流

自由电子就像河里流动的水一样，沿着金属等导体材料从一点自由流向另一点，这种现象以能量的形式表现出来，对人类来说有很大的应用价值。

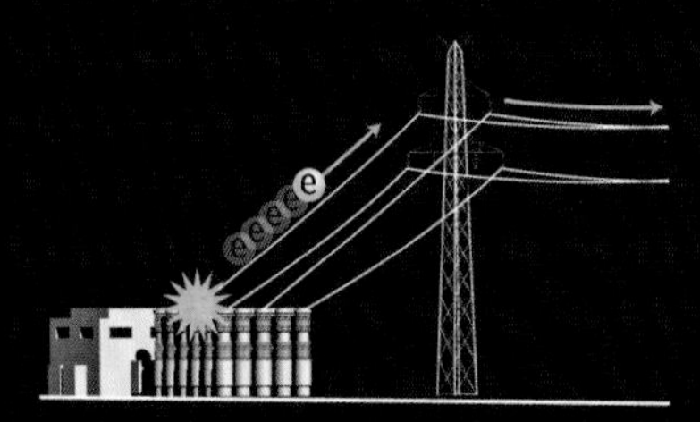

当导体（比如电线）两端的电位不同时，电子就会流动，从而产生电流。电能可以传输非常远的距离（数千千米），便于分配和使用。

闪电

在被称为积雨云的浓厚云体中，处于不断运动中的冰粒子经常由于摩擦而带电。

带正电荷的粒子一般位于云层的上部。

带负电荷的粒子一般位于云层的底部。

放电行为可以在云块内部发生（云内放电）。

放电行为也可以在云块与云块之间进行（云际放电）。

有时候云层底部带负电荷，而地球表面带正电荷，随时准备接收电子，两者之间会产生强烈的放电现象（云地间放电）。

48 小时（不间断）

这是第一只白炽灯工作的时间，它由美国科学家托马斯·阿尔瓦·爱迪生在 1879 年发明。

导体和绝缘体

可以根据物质的导电性将其分为导体、半导体和绝缘体。导体和绝缘体之间并没有绝对的界线，绝缘体在某些条件下也可以转化为导体。

导体

在导体材料的内部原子中，联系电子与原子核的力量很微弱。这使得电子很容易以电流的形式流动。

金属是电的良导体，因为在原子层面，原子核与价电子的结合力很弱，这样很多电子就可以自由流动。

绝缘体

在绝缘体中，原子核和电子联系很紧密，因此，电子流要么流向更复杂，要么根本不会产生。

860 伏特

电鳗放电的电压可高达 860 伏特。

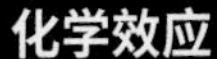

电的效用

就像每一种能量形式一样，电能可以转化为其他形式的能量，这对于某些领域而言非常实用。

热效应

当电流流过导体材料时，部分电能转化为热能。这种现象用在电暖器上非常有效。

光效应

有些固体或气体材料在电流通过时会发光。

磁效应

电流可以产生磁效应（电生磁），磁也能够生电。电磁起重机和磁悬浮列车就是电生磁的典型应用。

化学效应

电流可以用于改变某些材料的化学结构，电解就是案例之一。电解在金属冶炼、化工产品制备、电镀、电抛光等领域得到广泛应用。

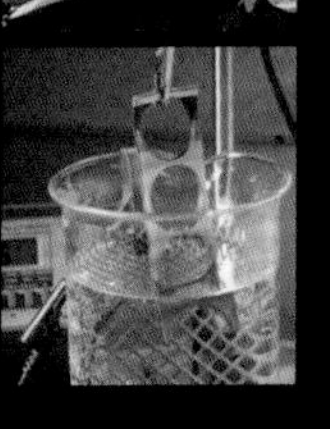

电　路

为了方便家中电源插座随时供电，电流通过电路（由各种电路元件连接成的回路）进行传输。这样，发电机产生的电流就在回路中传输。在回路中，电流为电器提供能量，并受到能改变其特性的不同机制的影响。

来来回回

电路可以简单，也可以复杂。但是，所有电路都有一定的基本要素。这些基本要素包括电源、导体（导线）、电器和开关。

电源
电源以不同的方式（化学反应、化石燃料燃烧、水或空气流动、太阳照射）产生电。在家庭电路中，电源插座提供了由大型发电厂产生的电能。

电极
电流从正极流向负极（按规定，把正电荷定向移动的方向视为电流方向，这与电路中电子流动的方向相反）。

化学电池
化学电池是利用化学反应发电的装置。过量电子在一端产生，而另一端则电子不足。这样，电流就产生了。下面的 2 幅图是对铜锌原电池工作原理的简单示意。

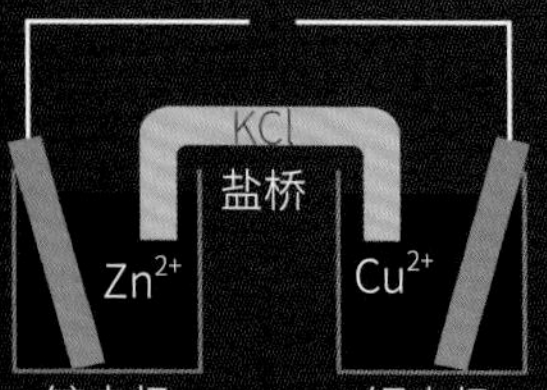

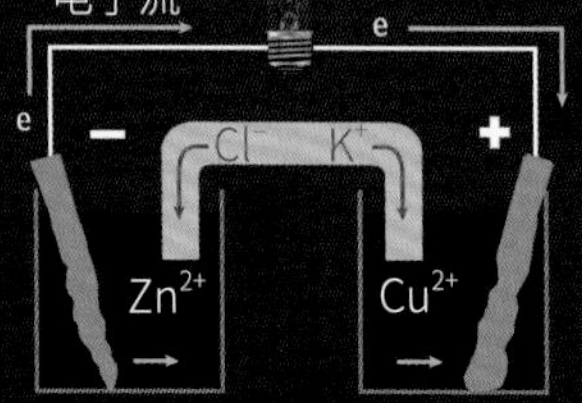

电器
电器工作所需的能量由通过电路传送的电流提供。

电阻
任何导体，不管其导电性多好，都会对电流产生一定的阻力。事实上，在这个过程中"损耗"的电能转化为光能和热能，白炽灯中的灯丝就是如此。这也是许多电器的工作原理，比如加热器。

开关
开关是用于接通或断开电路的装置。

220 伏特
这是通常情况下家庭电路的电压。在电力系统输电的过程中会采用较高的输电电压，可以高达 100 万伏特。

电流中断

电子流动方向

电流流动

导体
只要有导体材料完整连接，电路就保持闭合状态。

ON 开

OFF 关

电子流动方向

交流电还是直流电？

电流可以通过 2 种形式流经导体：交流电或直流电。

直流电

不随时间变化的电流，电荷沿着一个方向流动。这种类型的电流通常用于以电池驱动的电动装置，工作电压低。

电流
+
时间

交流电

方向和强度做周期性变化的电流。交流电常见于家庭，它与直流电相比有很多优势，其中最突出的优势是可以通过变压器升高或降低电压，从而可以传输更远的距离而损耗更少。交流电还能用于传输声音以及其他数据。

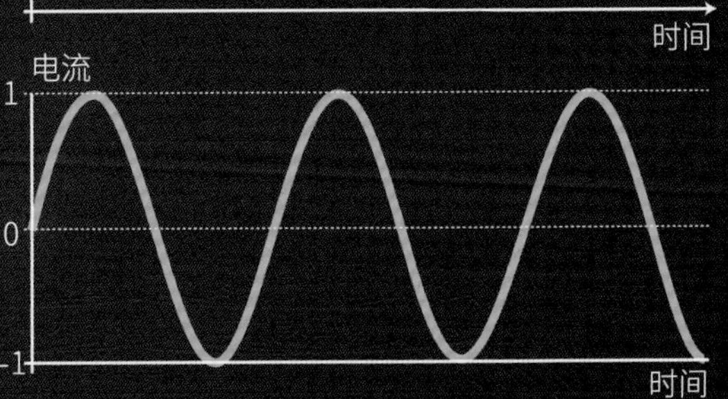

超导体

由于电阻的存在，远距离的电力传输会导致很高的能量损耗。但是，有些材料在温度和磁场强度都小于一定数值时，开始具有超导性。也就是说，它们在特定条件下电阻会减小到 0，因此不会产生能量损耗。

由于传输材料的电阻，远距离的电力传输总是会有能量损耗。

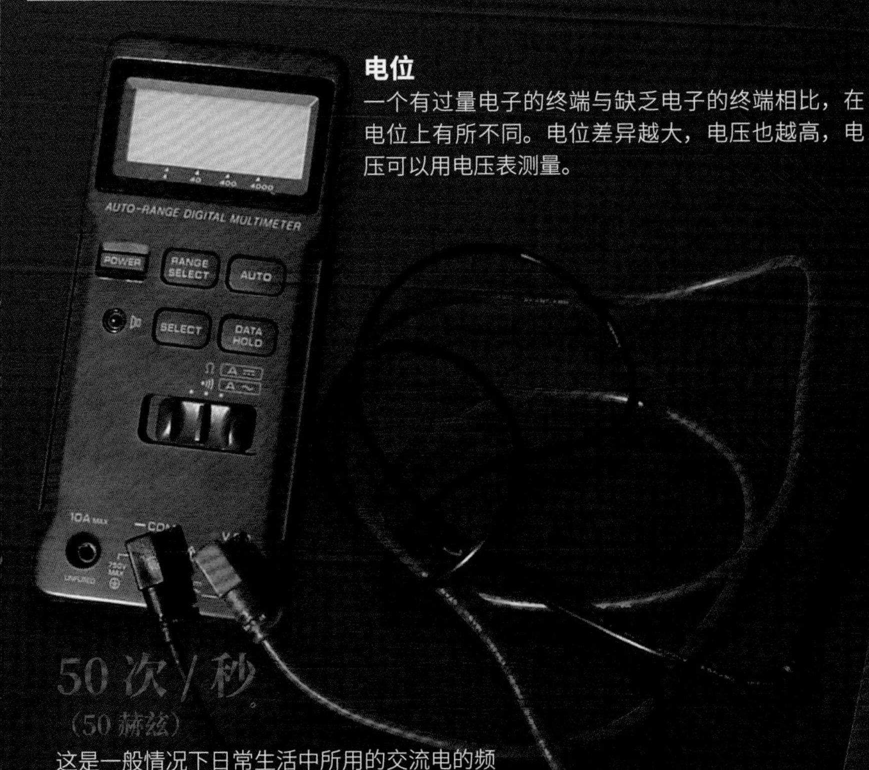

电位

一个有过量电子的终端与缺乏电子的终端相比，在电位上有所不同。电位差异越大，电压也越高，电压可以用电压表测量。

50 次 / 秒
（50 赫兹）

这是一般情况下日常生活中所用的交流电的频率，即其在单位时间内周期性变化的次数。也有不少地区的交流电采用 60 赫兹。

尼古拉·特斯拉

1856 年生于当时的奥地利帝国，是著名的发明家、物理学家和电气工程师。他做出的最大的科学贡献是对交流电系统的研究，并因此而为世人铭记。特斯拉的交流电系统成功地取代了他的商业竞争对手爱迪生的直流电系统。特斯拉的发现使得远距离的电力传输成为可能。此外，在意大利物理学家古列尔莫·马可尼的实验之前，他还首次公开展示了无线电通信。特斯拉于 1943 年逝世。

电学量的单位

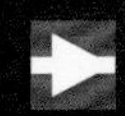

不同的电学量有不同的单位，以下是常用的几种。

安培

电流的单位，1960 年被国际计量大会正式采用为国际单位制的基本单位之一。

伏特

电位、电压的单位，是国际单位制的导出单位。

瓦特

功率的单位，用电压乘以电流可以得到电功率。

电气符号

为了便于研究，在绘制电路图时，人们常用不同的图形符号来代表不同的组件。

导线
电阻
电池
发电机 G
电动机 M
灯泡
开关
电流表和电压表 A V

电与磁

在19 世纪，科学家发现改变电流能够产生磁场，而反过来，磁场的变化也可以发电。相关概念的一致性促成了电磁场的概念，这个概念有助于解释光的特性。这也是收音机、电视机、电话和其他许多对人类生活产生革命性影响的发明的起点。●

电磁场

大约一个半世纪以前，苏格兰物理学家詹姆斯·克拉克·麦克斯韦（1831—1879）用严格的数学形式总结了电磁场的基本规律，得到了著名的麦克斯韦方程组，以此为核心的电磁场理论带来了令人惊讶的应用价值。

电流创造磁场
丹麦物理学家汉斯·奥斯特（1777—1851）确认电流可以创造一个磁场。

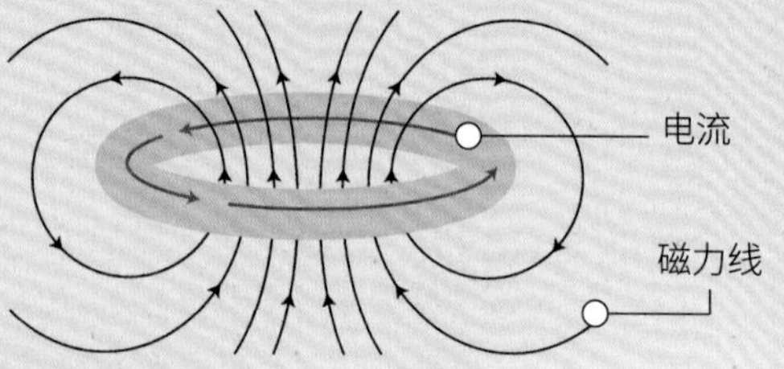

电磁场
麦克斯韦研究了这两个现象，做出了以下推断：周期性变化的电场会在空间产生变化的磁场，变化的磁场又产生新的变化的电场，变化的电场和变化的磁场交替产生，逐渐向周围传播。他由此预言了电磁波的存在。

磁场产生电流
奥斯特的发现引发了研究电与磁关系的热潮，在此大约 10 年后，英国物理学家和化学家迈克尔·法拉第（1791—1867）发现，磁场的变化也能够产生电流。

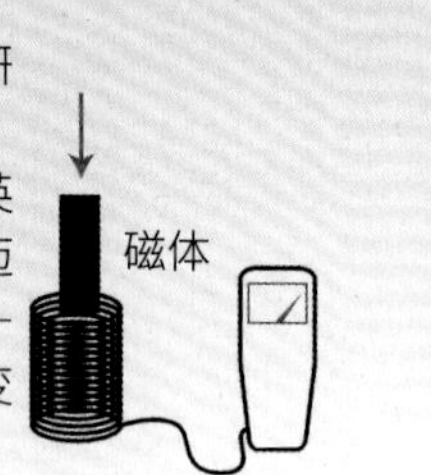

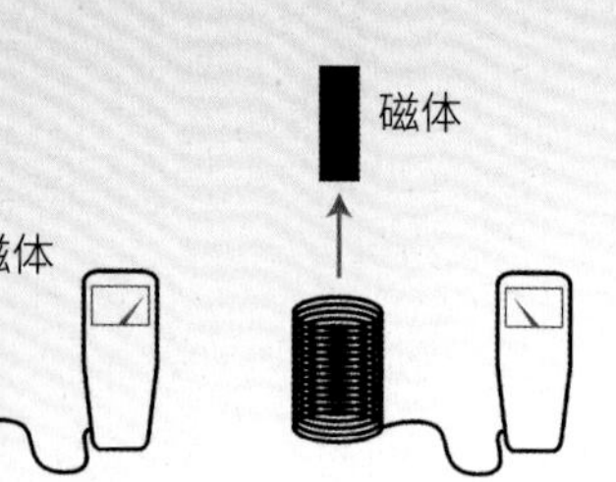

海因里希·鲁道夫·赫兹
德国物理学家，生于 1857 年，他在麦克斯韦的发现的基础上，用实验证实了电磁波的存在，并创造了一种能够产生电磁波的装置。他还发现了光电效应，十几年后爱因斯坦才对此做出了成功的解释。为了纪念他，人们将国际单位制中频率的单位命名为赫兹。赫兹于 1894 年逝世。

电磁波

电磁场以电磁波的形式传播，即使在真空中也是如此。电磁波具有不同的特性，有些电磁波甚至可以被人们看见，我们将这些能够引起人们视觉的电磁波称为可见光。

波长
两个连续波峰之间的距离。因此，波长显示了波有“多长”。

频率
表示波在单位时间里重复的次数。不同频率的波具有不同的波长，频率越高，波长越短。

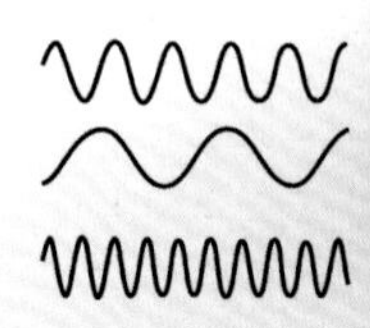

横波
电磁波属于横波，横波是指振动方向和波的传播方向垂直的波，外观上呈现为“波浪起伏”。

赫兹

赫兹是频率的单位。1 赫兹代表每秒钟振动（或振荡、波动）1 次。

电磁波谱
把电磁波按照波长或频率顺序排列得到的图表称为电磁波谱。光谱是电磁波谱的一部分，分为可见光谱和不可见光谱。可见光谱包括 7 种颜色的可见光，不可见光谱包括红外线和紫外线。

红外波段位于可见光谱范围外，所以我们看不到红外线，但是有些动物能看到。

可见光谱

人类也无法看到紫外线，但蜜蜂可以看到。

极低频	甚低频	无线电波	微波	红外线		紫外线	X 射线	γ 射线

向右侧频率逐渐升高，此图仅为示意，并非严格按比例绘制。

革命的开端

不同波长的电磁波可以应用在不同的领域，下面是一些常见的例子。

广播

广播电台、电视台发射无线电波，播送节目。原始的信号通常要经过调制。

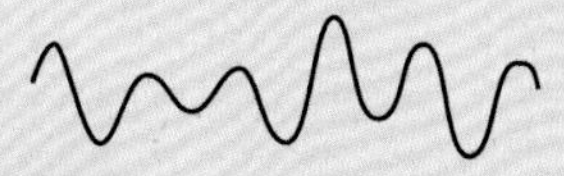

调幅波

调整要传输数据的载波的振幅，频率则保持稳定。

调频波

载波的频率得到调整，振幅则保持不变。这样，波可以以更高的保真度传输，免受大气影响而失真。

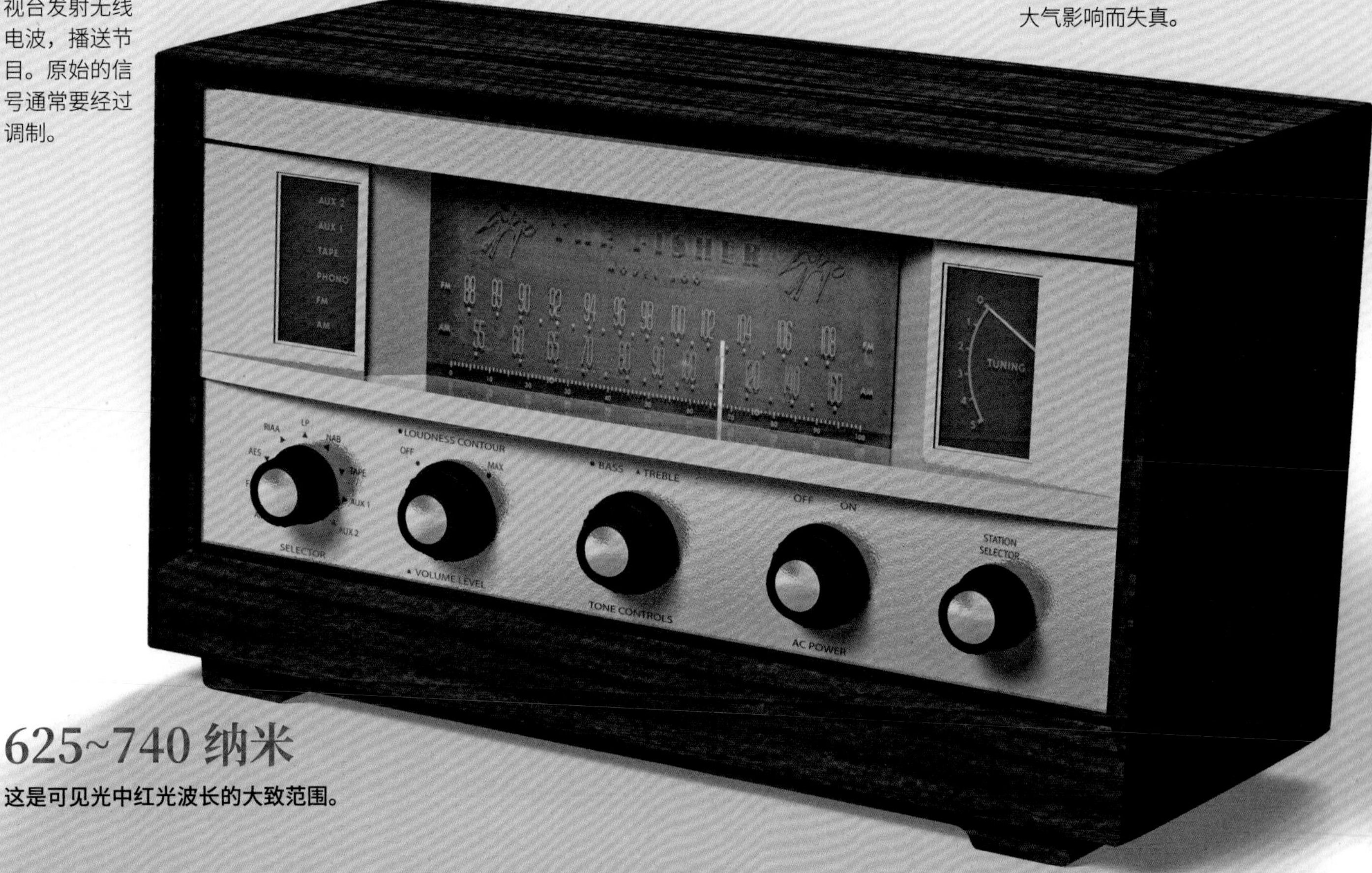

625~740 纳米

这是可见光中红光波长的大致范围。

通信

手机和基站之间的通信、电视信号传输以及卫星通信都以无线电波为基础。

雷达

雷达发射电磁波对目标进行照射，并通过接收其回波来获得目标的位置、速度、形状等信息。雷达在军事、气象、天文等领域有广泛应用。

变压器

变压器用于升高或降低交流电的电压。变压器的发明为大规模电力传输以及家庭配电铺平了道路。

发电机

发电机通过电磁组件将机械能转化为电能。发电机由转子（转动部分）和定子（固定部分）组成，用动力机器带动转子转动即可发电。

线圈

线圈通常是指由导线制成的圈状物，广泛应用于发电机和各类电器上。比如，汽车发动机点火便用到点火线圈，变压器升、降电压时也要用到线圈。

X 射线

X 射线是在 1895 年被发现的，它具有很强的穿透力，彻底改变了医疗诊断方法。有了 X 射线，医生可以不必通过手术就能够观察到人体内部的组织。

声 音

一段旋律，一次谈话，一次爆炸，风吹过树林发出的呢喃……我们已经习惯地认为声音就是一切可以听到的东西。但是，对物理学家而言，声音的定义要广泛得多，包括一系列的特殊振动，其中只有一部分可以被人耳听到。声音的本质是振动，其传播需要介质，介质可以是固体、液体或气体。在真空中声音无法传播。

振动的世界

声音可以用波形来描绘，而波形的复杂性表现为从纯音（具有正弦波形的声音，只有 1 种频率）到复合音（具有复合波形的声音，包含多个频率）的变化。

频率

每秒钟内波周期重复的次数。频率越高，声调（音高）越高，但声调与波的振幅无关。

低声调

高声调

强弱

听觉上感受到的声音强弱的程度称为响度，它与发声体的振幅有关。人们常用分贝来描述声音响度的相对关系。

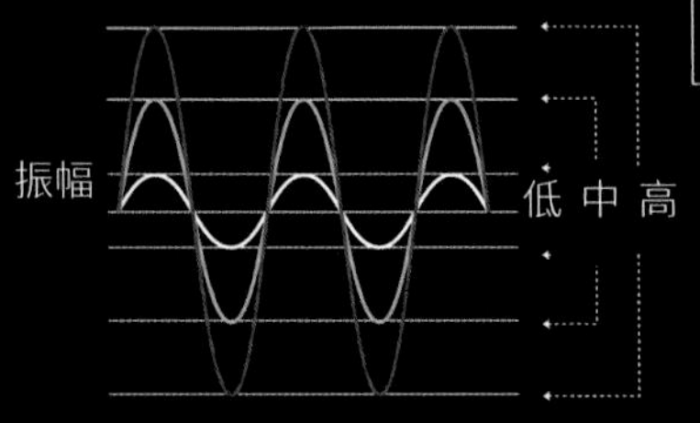

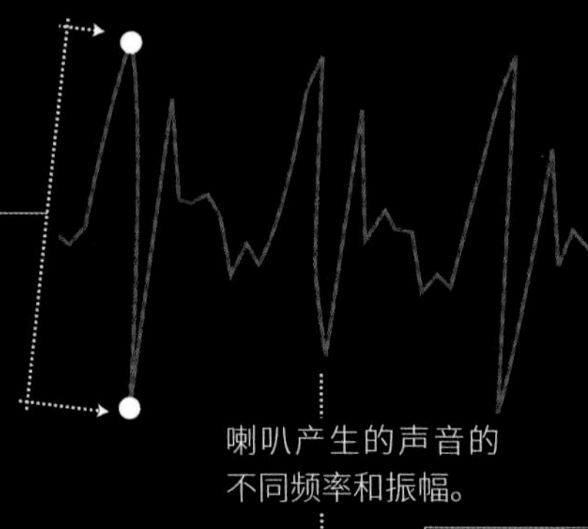

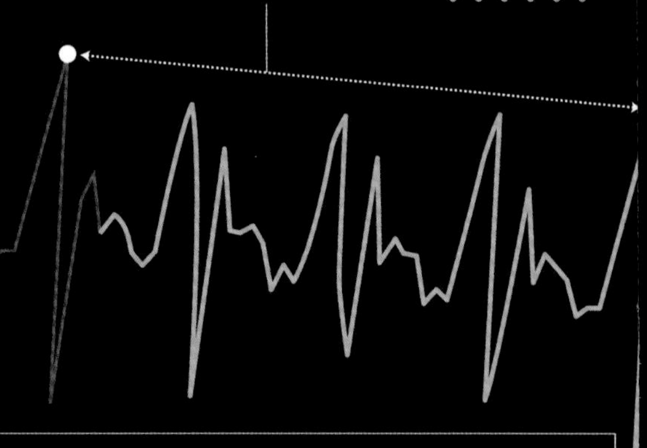

喇叭产生的声音的不同频率和振幅。

声谱

一般而言，声音可以分解成不同的波，反映声音频率和振幅特性的图形称为声谱。纯音在自然界几乎不存在，其图形为正弦波。音叉可以产生纯音。

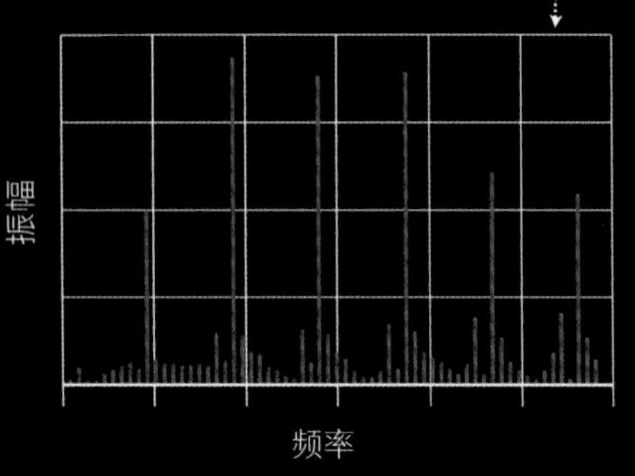

音色

人在听觉上区别具有同样响度和声调的两个声音之所以不同的属性，它与声波的振动波形有关，是由发声体、发声条件、发声方法决定的。

音叉（基频）

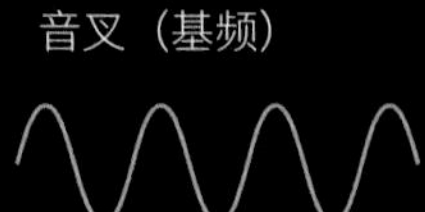

长笛

小提琴

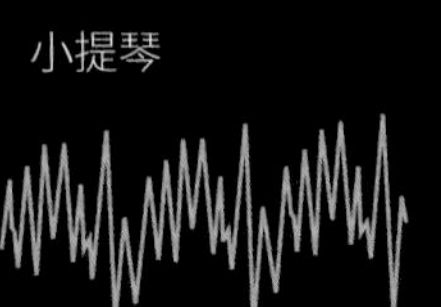

铜锣

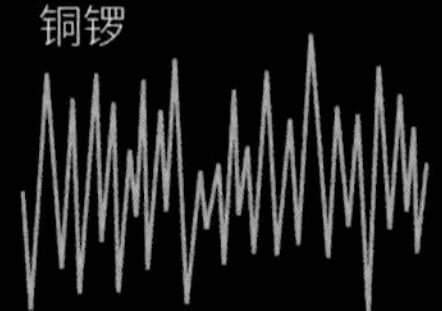

反射

声波可以在特定的表面产生反射，回声就是这种现象的最好例子。此原理在导航、地质勘探和医学中被广泛应用，蝙蝠等动物也利用了这个原理。

我们如何听到声音

1 喇叭振动带动周围空气振动。

2 该振动经由空气分子以大约 340 米 / 秒的速度传播。

3 耳朵感知到了振动，通过神经传导给大脑。这样就产生了听觉。

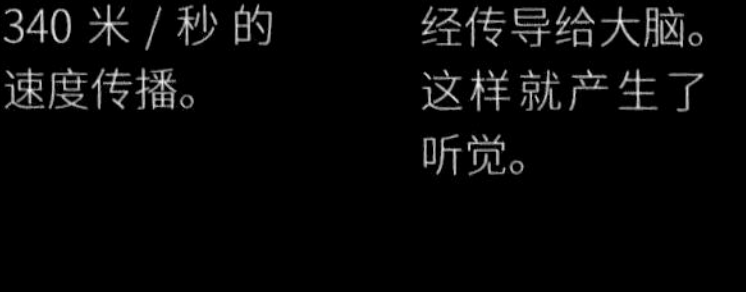

某些蝙蝠发出的声音的频率可高达 **10 万赫兹。**

音速

各种波长的电磁波均以光速传播，而声音的传播速度则低得多，并取决于传播介质。

在 15 °C的空气中 ——1 224 千米 / 时
在常温水中 ————5 400 千米 / 时
在钢铁中 —————18 720 千米 / 时

声爆

飞行器在超声速飞行时，产生的强压力波传到地面上会形成如同雷鸣的爆炸声，这就是声爆。

测量到闪电的距离
由于光和声音的传播速度不同，雷声传播到我们耳中需要更长时间，所以我们首先看到闪电，然后听到雷声。这样，记下从看到闪电发生到听到雷声所需的时间（以秒为单位），然后将这个数值除以 3，得到的数值（以千米为单位）就是闪电发生的地方到我们所在地的距离。

查克·耶格尔
世界上第一位实现超声速飞行的人。此前有很多人做过尝试，并为此牺牲。耶格尔 1923 年生于美国西弗吉尼亚州的迈拉，在二战时是一位战斗机飞行员。1947 年 10 月 14 日，他驾驶一架 X-1 试验机，在大约 1.2 万米的高空成功地突破了声障。他打破了多项飞行纪录，于 1975 年从空军退役。耶格尔于 2020 年去世。

1 亚声速飞行时，声波传播的速度比飞机飞行的速度快。在飞机飞近时，我们能听到飞机发动机的声音。

2 当飞行速度等于声速时，声波在飞机前交叠。

3 当飞机飞行速度超过声速时，不能及时向周围传播的声波在飞机的头部或突出部分叠加成锥形激波，其中聚集了大量声学能量。当这些能量引起的空气压强的突然变化传到人耳时，人便听到巨大的爆炸声。

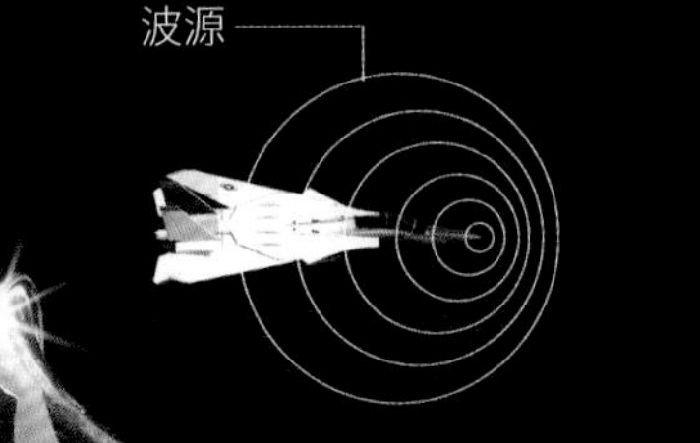

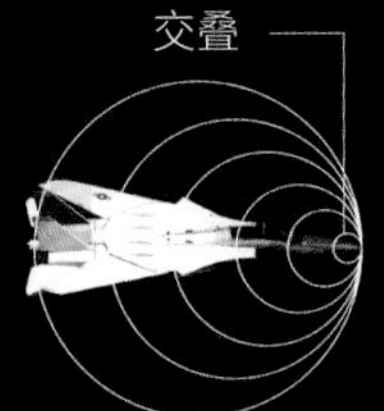

产生锥形激波

超声波

当声波的频率超过人类听觉的上限（大约 2 万赫兹）时，就称为超声波。理论上人类听不到它们，但是它们有非常广泛的用途。

医学

超声波可以用于医学上的治疗及诊断，其中最知名的用途是超声检查，该技术可用于检查身体内部的疾病和怀孕状态。

工业

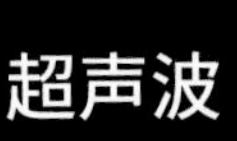

利用超声波，可以在不破坏材料的情况下对它们进行分析，并对材料做不同的测试。超声波还可以用于生产乳状液和除油。

回声定位

潜艇上用于对水下物体进行探测和定位的声呐，作用有点像雷达。但是声呐发出的不是电磁波，而是超声波。在自然界中，有些动物比如蝙蝠和海豚，会发出超声脉冲来定位猎物或躲避障碍物。

光

我们晚上回到家，打开电灯，电流到达灯泡，就像变魔术一样，灯亮了。于是，我们可以看清周围的所有物体——不仅仅是它们的形状，还包括它们的颜色。但是，什么是光？为什么物体有不同的颜色？为了弄清这些问题，人类花了很多个世纪的时间。今天我们知道光是能源，是一种电磁辐射形式，可以表现为波，也可以表现为名为光子的粒子。

光具有波的特性

根据广为人知的理论，光由一种被称为光子的携带能量的基本粒子组成，而光子在空间运动时具有波的特点。光子的能量越大，光的波长越短，不同波长的光有不同的颜色。

白光
来自太阳的白光由各种不同波长的光组成。可以利用棱镜对白光进行分解。

棱镜
由于每种波长（颜色）的光都有不同的折射率，因此各种波长的光可通过棱镜以不同的角度偏折。这就是为什么棱镜能够“分解”颜色的原因。

折射

光最重要的现象之一就是折射。这是光通过不同介质的交界处时因速度发生变化而引起传播方向变化的现象。

光在空气中和在水中的传播速度不同，因此在二者的交界处发生折射。这就是为什么一支笔浸入水中会给人以折断的视觉感受。

不同的材料具有不同的折射率，就像不同的波有不同的波长。

反射

光线可以被物体反射，我们经常可以看到这种现象。如果一束平行的光线照射到光滑的表面（比如镜面）上，它们就会被平行地反射。

镜子
镜子光滑的表面体现了反射定律：反射光线、入射光线、法线在同一平面内，反射光线、入射光线分居法线两侧，反射角等于入射角。

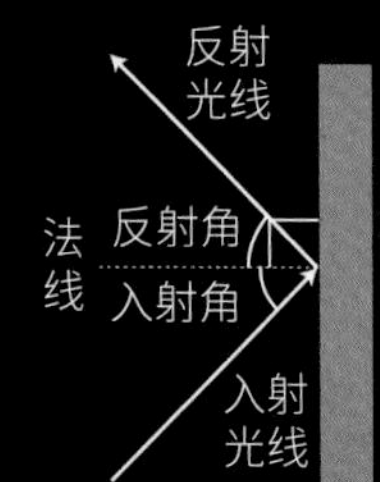

视错觉

我们感知到的景象不仅仅取决于光本身的特性，还受到视觉系统的生理特点和自身过往经验的影响，视觉处理过程中产生偏差便会导致感知到的视觉图像与客观实际不符。

法国海军军旗上的三色条纹并不都是一样宽，蓝、白、红三色的宽度比是30：33：37。这样，当旗帜在海上飘扬时，所有条纹才能看起来一样宽。

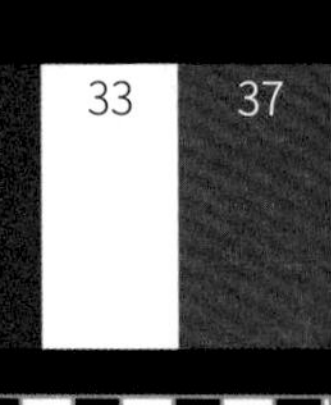

虽然难以置信，但是这些横条纹的水平线确实是平行的。

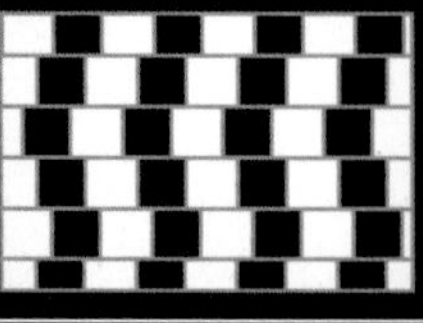

什么是颜色

在电磁波谱中，我们能够看到一定波长范围内的电磁波。我们的大脑根据对这些电磁波的波长的感受，产生色觉。每种颜色都对应一个波长范围*。

* 可见光谱没有精确的范围，不同人的视觉感知有差异，不同书也有不同界定，但其一般位于 380~780 纳米范围内。同样，不同颜色所对应的光的波长范围也有不同的讲法。

可见光谱

能直接引起人眼视觉的电磁波谱，就是对应红色的波长和对应紫色的波长之间的部分。

颜色	波长	频率
红色	625~740 纳米	480~405 太赫兹
橙色	590~625 纳米	510~480 太赫兹
黄色	565~590 纳米	530~510 太赫兹
绿色	520~565 纳米	580~530 太赫兹
蓝色	450~500 纳米	670~600 太赫兹
靛色	430~450 纳米	700~670 太赫兹
紫色	380~430 纳米	790~700 太赫兹

当被白光照亮的物体反射的波长对应红光的波长范围时，我们感知到这个物体是红色的。

当物体反射所有波长的可见光时，我们看到物体是白色的。

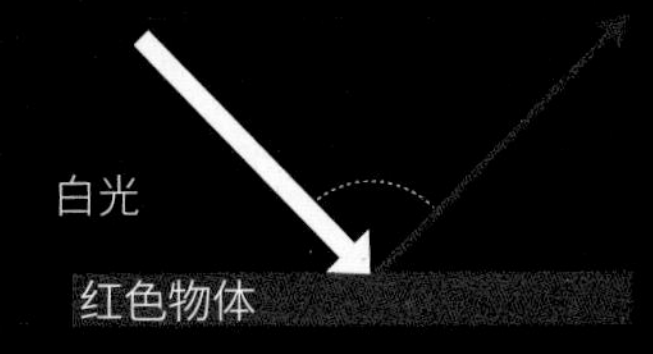

当物体不反射任何波长的可见光时，我们看到物体是黑色的。

克里斯蒂安·惠更斯

物理学家、天文学家和数学家，1629 年生于荷兰海牙。他不但是一位技艺精湛的望远镜制造者，利用自己制造的望远镜发现了土星环，还提出了光的波动理论。这个理论与牛顿的理论相对立，牛顿认为光是由很小的发光体构成的，后来科学家发现这两个理论都只是部分正确。惠更斯于 1695 年逝世。

SPF

这是防晒系数（sun protection factor）的英文缩写。其数值为涂抹防晒霜后将皮肤晒伤所对应的中波紫外线辐射量与未涂抹防晒霜时所对应的中波紫外线辐射量的比值，代表了防晒霜防御中波紫外线的能力。例如一个人在某强度的阳光下暴露 20 分钟时会引起皮肤晒伤，正确足量涂抹 SPF12 防晒霜后，该时间可延长至 240 分钟。

“看不见”的颜色

在红色和紫色这些我们可以看到的颜色以外，还有一些我们人类肉眼看不到、但有些动物可以看到的“颜色”。利用专用照相机和滤波器，光谱中这些看不见的部分可以有非常广泛的用途。

红外线

由于植物的叶绿素可以通过红外线被感知到，因此这幅卫星照片可以显示出亚马孙雨林被砍伐的情况。

热量会通过红外线散发，因此，红外照相机能够测量海洋和大气的温度，比如这张飓风的热成像照片。在这张照片中，红色代表较温暖的区域，而蓝色则是较寒冷的区域。

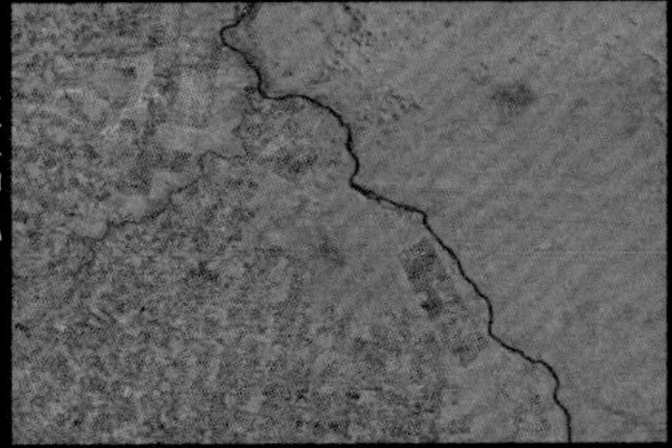

黑光灯

黑光灯是一种会发出紫外线和极少的可见光的气体放电灯，能够产生令人惊讶的效果。黑光灯有时候被用于音乐会和剧院，为特殊的绘画提供照明，还在农业中用于诱杀害虫。

紫外线

紫外线是到达地球的太阳辐射的一部分，也是人在日光浴之后会被晒黑的原因。

人类肉眼不能看见的一些物质，在紫外线下却可以发出荧光，体液中的某些成分就是如此。这个特点让紫外线灯在法医工作中显得尤为重要。

狭义相对论

直到 20 世纪初，物理学家对世界运行方式的理解还都是基于牛顿提出的牛顿运动定律。不过，这些定律无法解释某些实验结果。一位出生于德国的 26 岁的年轻物理学家——爱因斯坦在物理学领域崭露头角，他以对宇宙的深刻洞察力，动摇了经典物理学的基础。

背景

20 世纪初，科学家们相信经典物理学（包括经典力学、经典电磁学以及热力学和统计物理学）能够解释任何物理现象。他们没有意识到，未来可能需要对物理学有一种新的综合性的认识。

按照经典物理学的模型

时间
是绝对的，因此，在宇宙的任何地方，1 秒钟都具有同样的绝对值。

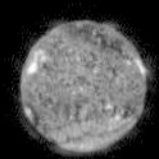

空间
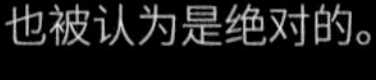
也被认为是绝对的。

光
通过一种被称为以太的介质，以光波的形式传播，虽然没人能够检测到以太这种外部介质。

以太
充满整个宇宙，没有质量，绝对静止。

失败，却开启了新思维之门

1887 年，物理学家艾尔伯特·A. 迈克耳孙和爱德华·W. 莫雷进行了一项实验，推算地球的“绝对运动”。他们想比较地球运动与以太之间的关系，根据当时流行的观点，以太以“绝对静止”的状态弥漫在所有外层空间中。他们之所以进行此项实验，是因为他们相信已经找到了一种能够验证以太是否存在的方法。

1 一束光线被分解为向两个不同方向发射的两束光：一束射向地球运动的方向，另一束的发射方向与地球运动的方向垂直。

2 按照经典理论，光需要借助以太传播。由于地球绕太阳的公转产生相对于以太的运动，因此光在地球运动的平行方向和垂直方向通过相同距离所用的时间应该不同。按照预期，对仪器进行旋转后，应该能在观测屏上看到干涉条纹的移动。

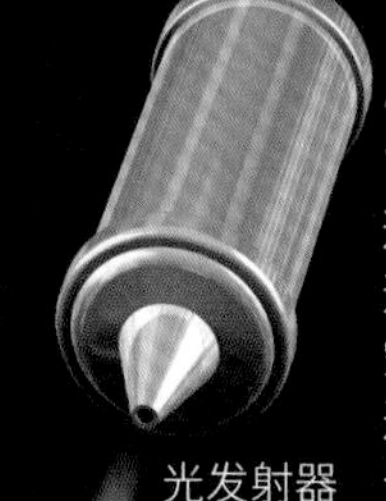

299 792 458 米 / 秒

这是光在真空中精确的传播速度，米也被定义为光在真空中 1/299 792 458 秒所经过的确切距离（随着人们对计量学认识的加深，米的定义经历过多次变化）。

3 不过，实验失败了，因为在实验误差范围内，并未观察到预期的移动。

洛伦兹收缩

为了解释迈克耳孙－莫雷实验的负面结果，物理学家乔治·F. 斐兹杰惹指出，运动中的物体会发生收缩。因此，沿地球运动方向发射的那束光比与它垂直的那束光的运行距离要短，理论上来说，这一点抵偿了以太效应。根据斐兹杰惹的计算，物体的速度和收缩比例之间有如下关系。

速度	收缩比例
11.2 千米 / 秒（第二宇宙速度）	2/1 000 000 000
26.2 万千米 / 秒	50%
30 万千米 / 秒（光速）	100%（物体长度 =0）

基于斐兹杰惹的收缩假设，荷兰物理学家亨德里克·A. 洛伦兹提出，物体的收缩造成了其质量的增加。根据洛伦兹的计算，物体的速度和质量增加比例之间有如下关系。

速度	质量增加比例
14.9 万千米 / 秒	15%
26.2 万千米 / 秒	100%（质量增加 1 倍）
30 万千米 / 秒（光速）	无限大

爱因斯坦的革命

在 1905 年发表的狭义相对论中，爱因斯坦提出了一项解决以太问题的革命性理论，他的理论由 2 个假设组成。

第一个假设
在宇宙中，任何参考系都不是静止的（绝对静止是不存在的），人们也无法进行绝对性的测量。测量结果取决于观测者，观测者所处的状态不同，观测结果也就不同。

爱因斯坦还指出，所有的物理定律都平等地作用于惯性参考系（牛顿运动定律在其中能严格成立的参考系，简称惯性系）。后来，在他的广义相对论中，爱因斯坦将此理论的应用扩展到任何参考系。

第二个假设
光在真空中总是以确定的速度传播，这个速度的大小与光源处于静止或运动状态无关。

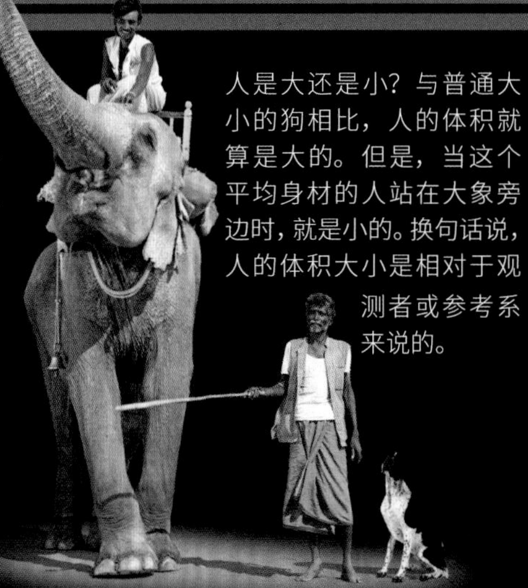

人是大还是小？与普通大小的狗相比，人的体积就算是大的。但是，当这个平均身材的人站在大象旁边时，就是小的。换句话说，人的体积大小是相对于观测者或参考系来说的。

如果从运动的机车上沿着运动方向扔出一个物体，该物体此时相对于地面的速度由机车的速度和扔出物体的速度共同决定。

根据经典物理学理论，运动中的机车发射出的光相对于地面的速度应该等于光的速度加上机车的速度。

爱因斯坦称，无论光源是否运动，所有观测者测得的光的速度始终都是一个常数。而因为速度等于距离与时间之比，这就是说空间和时间不是绝对的，会发生变化。

阿尔伯特·爱因斯坦
20 世纪的科学偶像，他的理论改变了人类对宇宙的认识。他于 1879 年生于德国，1940 年入美国国籍。他在瑞士一家专利办事处担任雇员期间，就发表了狭义相对论，11 年后，又正式发表了广义相对论。爱因斯坦于 1921 年获得诺贝尔物理学奖，此次获奖并不是因为他的相对论，而是因为他对光电效应的阐释。因为是犹太人，他遭到纳粹的迫害，被迫移民美国，1955 年在美国逝世。临去世前，他仍积极进行学术研究，以期把宇宙中的四种基本力统一起来。

$$E = mc^2$$

世界上最著名的方程之一，它是基于爱因斯坦提出的假设建立的。这个方程可以把能量与质量进行换算，因为根据爱因斯坦的理论，能量和质量是等价的。这个方程激发了人类对核能的开发和利用。

走慢的钟

爱因斯坦的理论让人印象最为深刻的结论之一是，根据物体处于静止或运动状态，时间以不同速度流逝。这种情况的出现是因为时间是相对的，而不是绝对的。

1 假设一艘飞船以 26.2 万千米/秒的速度接近另一艘处于静止状态的类似飞船。

2 运动飞船中的航天员没有注意到所在飞船内钟表运行速度的任何变化。

3 但是静止飞船中的航天员观察到，运动飞船内的时间比他所在的静止飞船内的时间过得慢一半。此外，运动飞船的质量是静止飞船的 2 倍，而其体积只有静止飞船的一半。

4 1 小时后，运动飞船停下来，恢复了其体积和质量，但是，其钟表所示时间比静止飞船中钟表的时间晚了半个小时。

运动飞船内的钟表

静止飞船内的钟表

1971 年，此“假想实验”得到了验证。

首先，将高精度原子钟进行同步。

然后，把一些原子钟安放到客运飞机上，使其在赤道附近做环球飞行。

当这些原子钟返回地球时，时间与地面上的原子钟不再同步——正如爱因斯坦曾经预言的那样！

广义相对论

当世人了解了由爱因斯坦提出并于 1905 年发表的狭义相对论后，物理学经历了自牛顿时代以来最具革命性的变化。除此之外，爱因斯坦还给世人留下了另一个惊喜，即广义相对论，该理论于 1916 年正式发表，是一个更加复杂和更加完善的理论。依据该理论还产生了好几个有趣的预言，随着时间推移，一些预言已经得到了验证。

为什么还需要一个理论？

根据爱因斯坦的观点，狭义相对论并不完善，因为它仅适用于惯性系，并不适用于非惯性系（相对于惯性系做非匀速直线运动的参考系）。问题就在于，按照经典物理学理论，宇宙中的所有物体都受到由于彼此间的引力吸引而产生的加速度影响。爱因斯坦通过假设等效原理解决了将其理论推而广之的问题。

变形的宇宙

爱因斯坦认为引力不是一种力，而是任何有质量的物体引起的时空弯曲的表现。举例来说，黑洞质量巨大，其周围的空间极度扭曲，以至于连光也无法逃逸。

这种对引力的创新性解释，使得爱因斯坦能够精确地做出与引力相关的惊人的预言。

弯曲的光线

爱因斯坦基于广义相对论做出了种种预言，对 1919 年发生的一次日食过程的观测，可算得上是对其预言最令人信服的验证之一。

根据广义相对论，引力场使光线发生弯曲。爱因斯坦预言，光线刚刚接触太阳表面时，会产生 1.75″的偏折，我们可以通过观察太阳附近背景恒星的位置，来对这种偏折进行测量。因此，此结论要想得到验证，世人不得不等待一次日食的来临。

在 1919 年的一次日食过程中，科学家们验证了太阳附近背景恒星的位置相对于它们平常的位置发生了偏移。

四维

根据爱因斯坦的观点，宇宙具有四维，只是第四维（时间）与其他三维（长、宽和高）的表现不同。

引力透镜

另一个基于广义相对论的预言涉及引力透镜。这种现象也与时空变形有关，而正是因为这种现象，当从地球上看某些遥远的天体时，它们的形象也发生了变形。

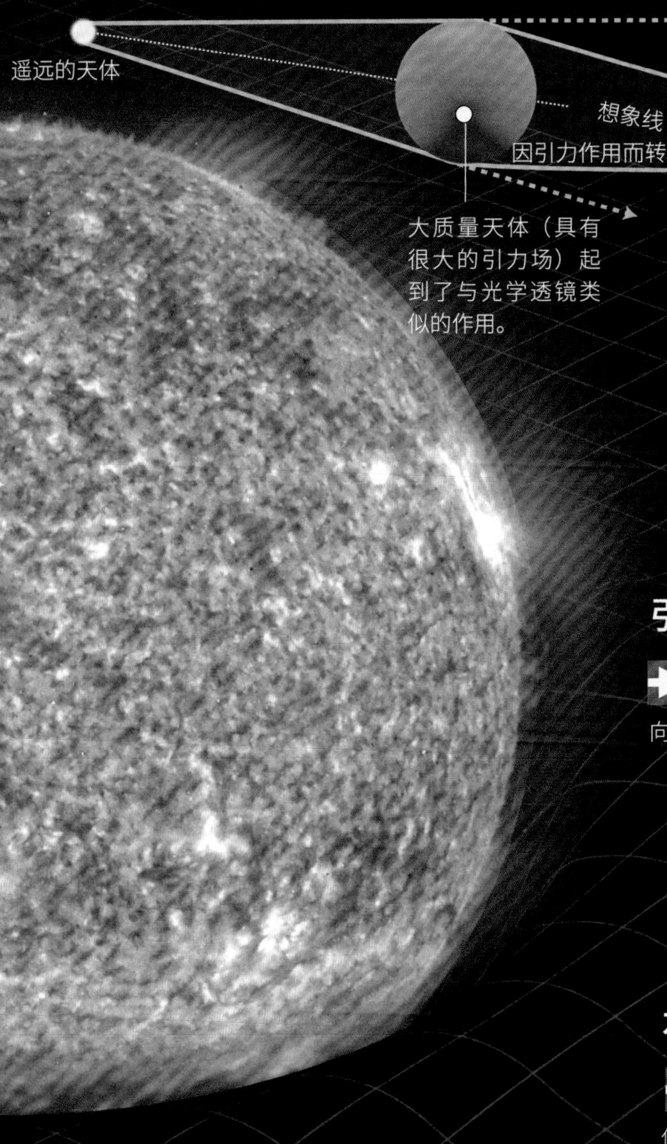

大质量天体（具有很大的引力场）起到了与光学透镜类似的作用。

天文学家可以运用引力透镜效应来找到那些不发光或因其他原因无法被发现的天体。

亨德里克·A. 洛伦兹

生于 1853 年，荷兰伟大的物理学家和数学家。他对经典物理学领域的远见和贡献帮助爱因斯坦创立了相对论。他沿着斐兹杰惹的模式，创立了洛伦兹方程。他们两人共同证明了物体如何因其运动改变其形状和质量，虽然从洛伦兹方面来看，这仅是对他提出的众多物理学理论锦上添花，但这却成为爱因斯坦物理学理论的支柱之一。洛伦兹于 1902 年获得诺贝尔物理学奖，1928 年逝世。

引力红移

广义相对论认为，当光（电磁波）从恒星向观测者传播时，会由于引力场的作用而损失能量，其波形会“伸展”，频率变低，也就是向光谱的红端偏移，这种现象被称为引力红移。

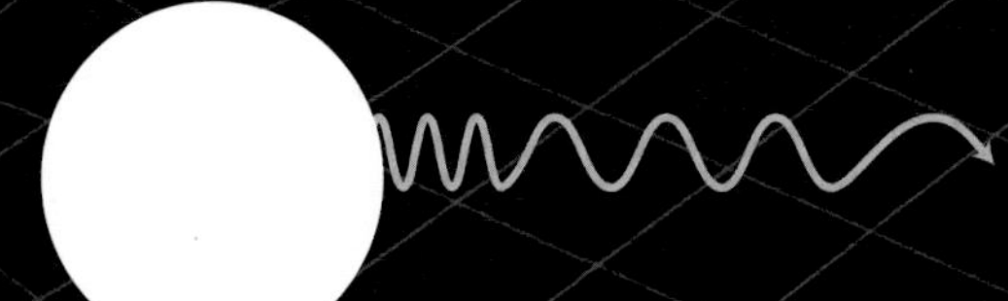

通过分析白矮星的光谱，爱因斯坦预言的引力红移得到了验证。

水星轨道的摄动

天文学家很早就发现水星的预期位置会出现偏差，如果不能发现某颗假想的行星，经典物理学就无法解释这种现象。爱因斯坦用他的理论解释了这种偏差，解决了行星缺失的问题。

很多年来，天文学家都在寻找一颗被称为祝融星的假想行星，该行星可能是造成水星轨道摄动的原因。

但是，爱因斯坦解释说，该摄动是太阳产生的时空弯曲所造成的，而且，他用精密的方程验证了这一解释。所有行星都有这种轨道摄动现象，但是水星轨道的摄动更明显，因为它距离太阳更近。

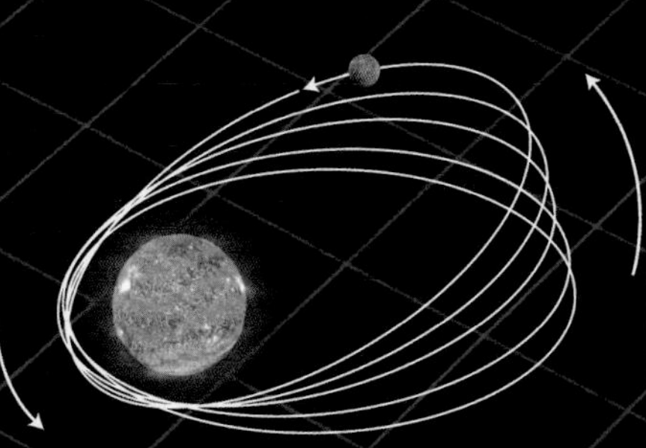

76 岁

爱因斯坦 76 岁时逝世于美国新泽西州普林斯顿。

量子力学

正如科学家们所发现的那样，20 世纪初期仍被奉为金科玉律的经典物理学定律，并不适用于大质量和高速运动的物体（该发现为相对论的发展开启了大门）。他们还发现，经典物理学中的这些定律也不适用于原子或亚原子范畴。而一种新形成的理论——量子力学，能够解释或至少能让我们一瞥宇宙中最细微处的运作方式。

“云概念”替代“点概念”

推算一辆车或一颗星星的位置或运动很容易，而在原子和亚原子尺度进行推算，情况就变得复杂得多。根据量子力学理论，如果不能对电子产生干扰，我们就无法测量电子的速度和位置等数据。

电子在哪里？

经典物理学

要描述某一时刻的原子，只要描述位于预定位置的原子核和围绕该原子核旋转的电子就可以了。

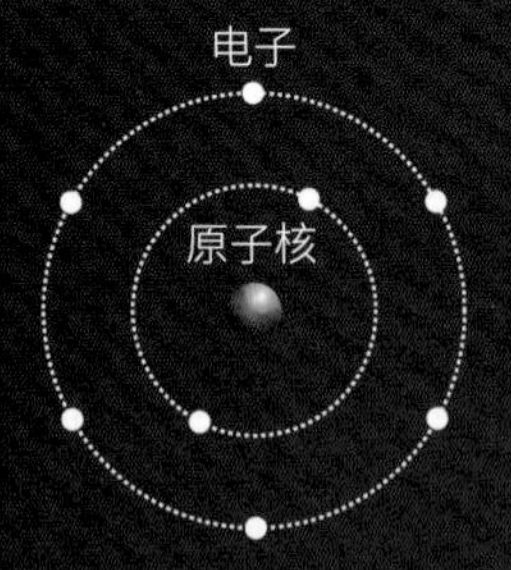

量子力学

因为无法确定电子的确切位置，只能通过标出它们可能的位置来展示原子。右图中，一个氢原子的唯一电子出现位置的概率分布以电子云的形式予以描述。

根据海森伯不确定性原理（简称不确定原理，又称测不准原理），不干扰粒子的位置，就不可能测出粒子的速度，不改变粒子的速度，也不可能测量出粒子的位置。

1 000 个

1 000 个原子就能构成一个展示量子效应的介观体系（介于宏观与微观之间的一种体系）。

量子

量子力学的诞生，要感谢德国物理学家马克斯·普朗克。他发现，能量不是连续变化的，而是以小包或“量子”的形式传递的。

量子是能量的最小单位，换句话说，量子与能量的关系就像原子与物质的关系。

是波还是粒子？

电磁波和粒子在运动或传播时显示出波动性和粒子性的双重性质，这种性质被称为波粒二象性。关于波粒二象性的研讨，对量子力学的建立和发展起到了重要作用。

光是波粒二象性的典型例子。光能够以不连续的粒子形式（光子）或连续的波的形式（光波）传播。光波具有概率属性，如同光子通过波的形式弥散开来。

光子

连续的波

光子

1900 年

马克斯·普朗克于这一年提出假设：能量以量子的形式传递。

STM

这是扫描隧道显微镜（scanning tunneling microscope）的英文缩写，该设备用于进行原子尺度的研究，其尖端只有 1 个原子。

隧道效应

物质在原子尺度的又一种活动方式，而在更大尺度上，没有可与之比较的活动。

按照经典物理学的观点，带有一定能量的粒子无法穿越拥有更高能量的障碍。

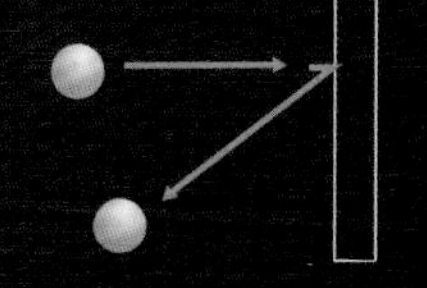

与此相反，按照量子力学的观点，在障碍另一侧发现粒子的概率并不是零，因此，粒子有可能穿越拥有更高能量的障碍。

隧道效应应用于一种用来“观察”原子的显微镜，也就是上面提到的扫描隧道显微镜。它也有助于解释在低温下发生在天体中的核聚变。

马克斯·普朗克

德国物理学家，生于 1858 年，他发现了一种解释能量如何传递的方法，奠定了量子力学的基础。他在进行辐射实验时，发现实验结果与预期并不一致，当时，他推测能量并不是以此前人们一直认为的连续的方式进行传递的，而是以小包（量子）的形式传递的。此项发现导致了量子力学的诞生。普朗克于 1918 年获得诺贝尔物理学奖，1947 年逝世。

量子计算机

根据摩尔定律的推算，计算机的数据处理能力大约每 2 年就会翻倍，而其元件则不断变小。不过，这一趋势也有限度。为了使此趋势得以继续，不久的将来，计算机就会需要原子大小的元件（在该级别，经典物理学不再起作用，物质将符合量子力学的规律）。到那时，将不再使用晶体管。如果科学家设法解决了这个困难，我们就将拥有比目前运算速度快百万倍的处理器。●

“量子比特”时代到来

目前，计算机的运行是基于比特（信息存储的最基本单元）形式。量子计算机将以量子比特形式存储信息。

比特

目前，计算机信息以比特形式储存。为了得到比特信息，首先需要制作一个物理设备，该设备采用比特形式固有的二进制系统，例如，“0”或“1”，“是”或“非”，“开”或“关”。

这种物理设备具有局限性，每次只能使用 1 个二进制数值。现在的计算机由微型晶体管和电容器进行这项工作。

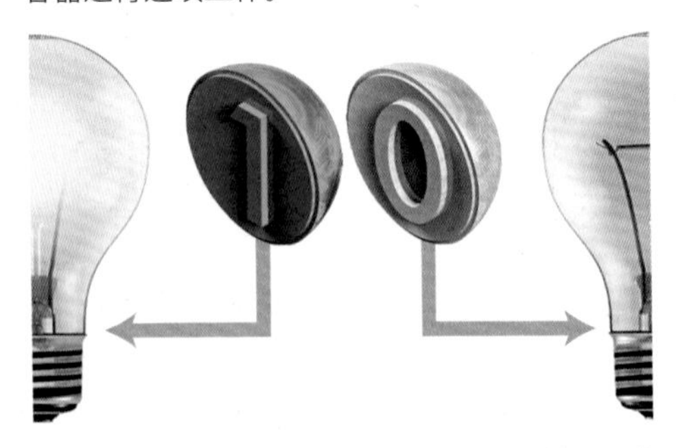

对于传统的计算机，指定时刻的 3 个比特可以使用下述方法进行表述。

由于量子叠加，量子计算机在指定时刻进行同样的记录，只采用 3 个量子比特，就能够产生 8 个数值。

20 分钟

量子计算机分解 1 个 1 000 位的数字仅需要 20 分钟的时间，而传统计算机进行此项计算可能需要耗费几十亿年。

量子比特

根据量子力学定律，微观粒子可以同时以波和粒子的状态存在，同时还存在无限的中间状态（在经典物理学中无法认知的状态）。这也可以用球上的点来简单示意，北极相当于“1”，南极相当于“0”，球上的其他点则处于“0”和“1”的叠加态，此现象称为量子叠加。由于量子叠加，3 个量子比特可以同时表示 8（2^3）个数值，而普通计算机每次只能表示这 8 个数值中的 1 个。

量子计算借助量子叠加的特性实现计算状态的叠加，它不仅包含“0”和“1”，还包含“0”和“1”同时存在的叠加态。

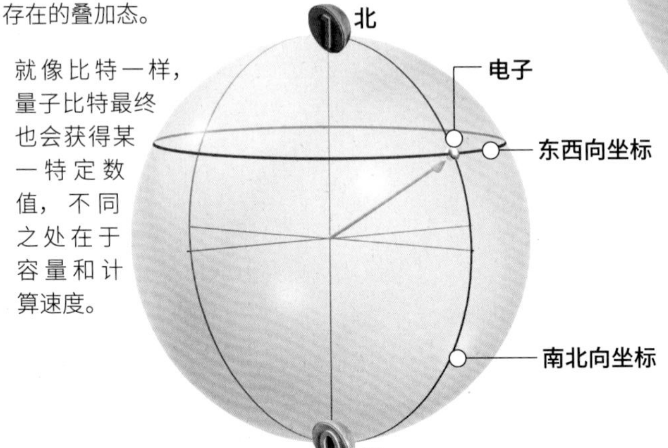

就像比特一样，量子比特最终也会获得某一特定数值，不同之处在于容量和计算速度。

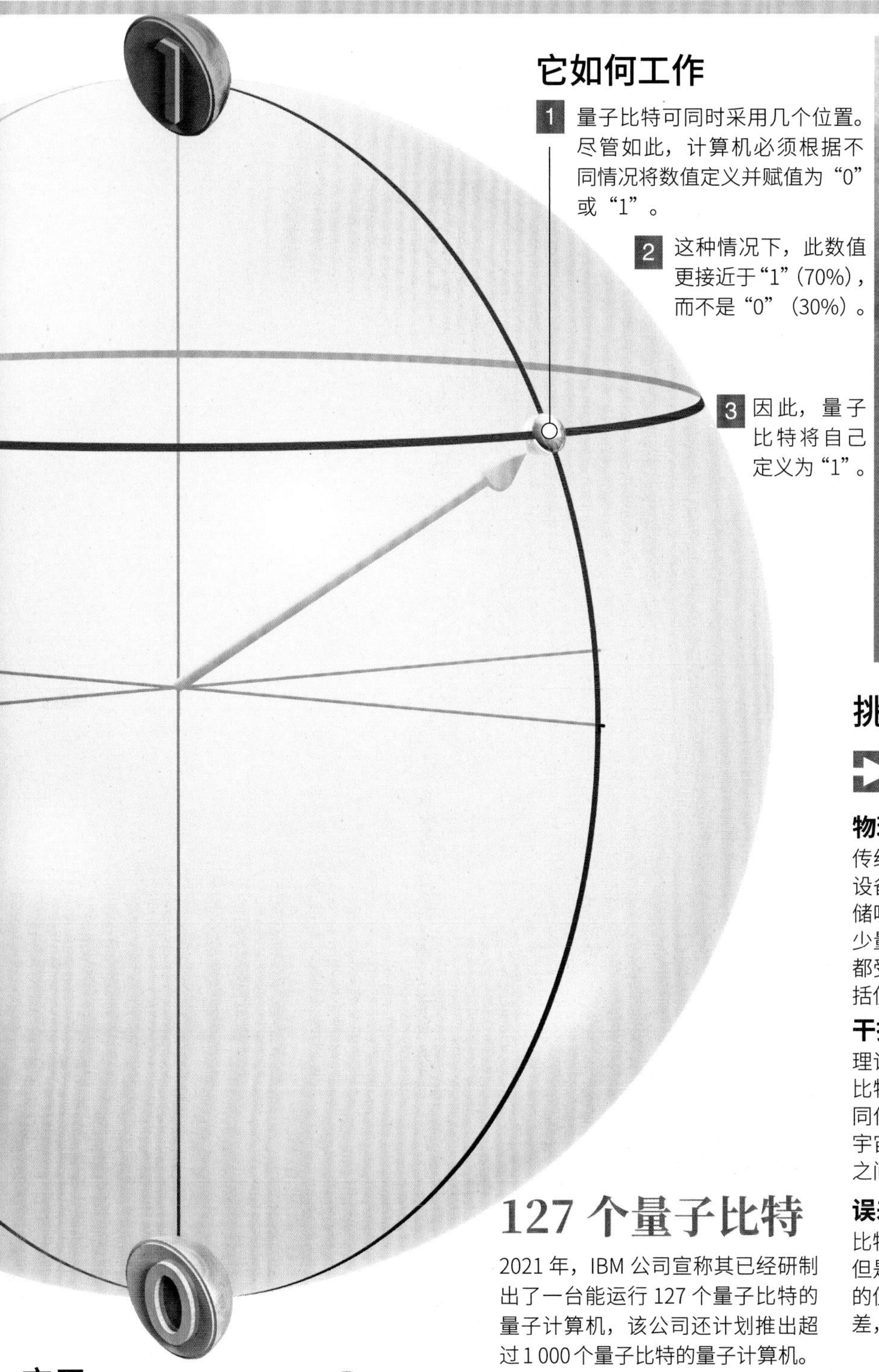

它如何工作

1 量子比特可同时采用几个位置。尽管如此，计算机必须根据不同情况将数值定义并赋值为“0”或“1”。

2 这种情况下，此数值更接近于“1”(70%)，而不是“0”(30%)。

3 因此，量子比特将自己定义为“1”。

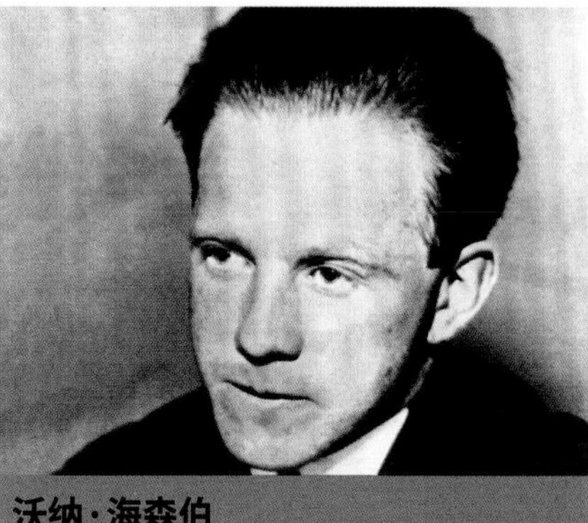

沃纳·海森伯

生于1901年，是德国的天才物理学家，获1932年诺贝尔物理学奖(1933年颁发)。最能彰显他对量子力学贡献的是海森伯不确定性原理，该原理是量子力学领域的理论支柱之一，而量子力学主要是在微观粒子层面上研究客观世界。事实上，诺贝尔奖委员会授予海森伯该奖项的一个隐含动机就是，适时承认他是量子力学的创立人之一。海森伯于1976年逝世。

挑战

量子计算机尚处于早期发展阶段，科学家们正在努力解决量子计算的相关问题。

物理介质

传统计算机使用晶体管、电容器和光学仪器等设备来存储比特信息。但是，量子比特如何存储呢？一个很有希望的解决方案是量子点（由少量原子构成、其内部电子在各方向上的运动都受到限制的半导体纳米材料），其他方法包括使用各种离子、铯原子，甚至咖啡因分子。

干扰

理论上来说，一台量子计算机可能拥有的量子比特的数量是无限的，但是，现实世界中，共同作用的几个量子比特会受到外部干扰（比如宇宙射线等天然辐射）的影响，甚至量子比特之间也会互相干扰。

误差

比特是明确的，1比特可能是“1”或是“0”。但是，量子比特经由概率运作。如果量子比特的值非常接近或等于50%，那么肯定会产生误差，而当误差累积时，会产生不可靠的结果。

127个量子比特

2021年，IBM公司宣称其已经研制出了一台能运行127个量子比特的量子计算机，该公司还计划推出超过1 000个量子比特的量子计算机。

应用

并行运算

不同于传统计算机1次计算得到1个结果的计算模式，量子叠加使量子计算机具有并行性，在1次计算中就能把各种可能性都考虑进去，这种能力将对天气预报、药物设计等需要大规模计算的领域产生巨大推动。

破解密码

量子计算机强大的计算能力使破解密码变得更加容易，而量子加密的方法也用来抵御量子计算机。

量子遥传

不要将此概念与科幻小说中描写的瞬间移动混淆起来，因为物质和能量不能以这种方式传输。量子遥传（更准确地应该称为量子远程传态或量子隐形传态）指的是利用量子纠缠实现量子态信息远程传输的过程，此过程传输的只是信息而非物理粒子。

查找

量子计算机和量子比特将缩短数据查找所花费的时间。

验证数学定理

目前，因为需要大量的数据运算，一些数学定理无法得到验证，而量子计算机能够解决这一问题。

能　源

风能
风能是最有前景的可再生能源之一。许多国家利用风力发电或抽水。

早期的人类依靠自身的蛮力和动物提供的能量生存。后来，人类发现了煤和石油以及另一种化石燃料——天然气。但是，石油储量是有限的，而全球的石油需求却不断增长。而且，石油的加工和燃烧会产生污染。因为这些原因，人类试验

了多种替代能源。一些是清洁能源，但是效率并不太高；另一些是可循环、高效且“绿色”的能源，但是非常昂贵。下面，你将了解多种新型替代能源是如何工作的，以及它们的优势和劣势。●

能量的来源

自从蒸汽机发明以来，人类越来越多地依赖于不可再生能源，尤其是煤、石油和天然气，但它们的储量都是有限的。如今，人类也已经开始在较低的程度上利用可再生能源，比如利用河流的水力进行发电。因此，目前最大的挑战之一是如何以一种经济、安全以及清洁的方式从可再生的资源中获得能源。

什么是清洁能源

清洁能源狭义上是指可再生能源，广义上还包括天然气、清洁煤和核能等在生产和使用过程中对生态环境无污染或低污染的能源。

2020 年全球各类一次能源消耗占比

石油	31.2%
煤	27.2%
天然气	24.7%
水力发电	6.9%
核能	4.3%
其他可再生能源	5.7%

有用的垃圾

有机废物可以在生物分解器中处理，产生热量、电能和肥料。

地热能

地热发电站利用地下的蒸汽或热水等地热资源发电，这属于对地热的间接利用，对地热的直接利用包括地热采暖、地热温室种植等。

风能

未来最有前景的能源之一是风能，风能已经逐渐被看作一种可行的替代能源。风能清洁、无穷无尽，只要一个地方有风来推动巨大的风力发电机的叶片就可以了。风能也存在一些缺点，例如不稳定。

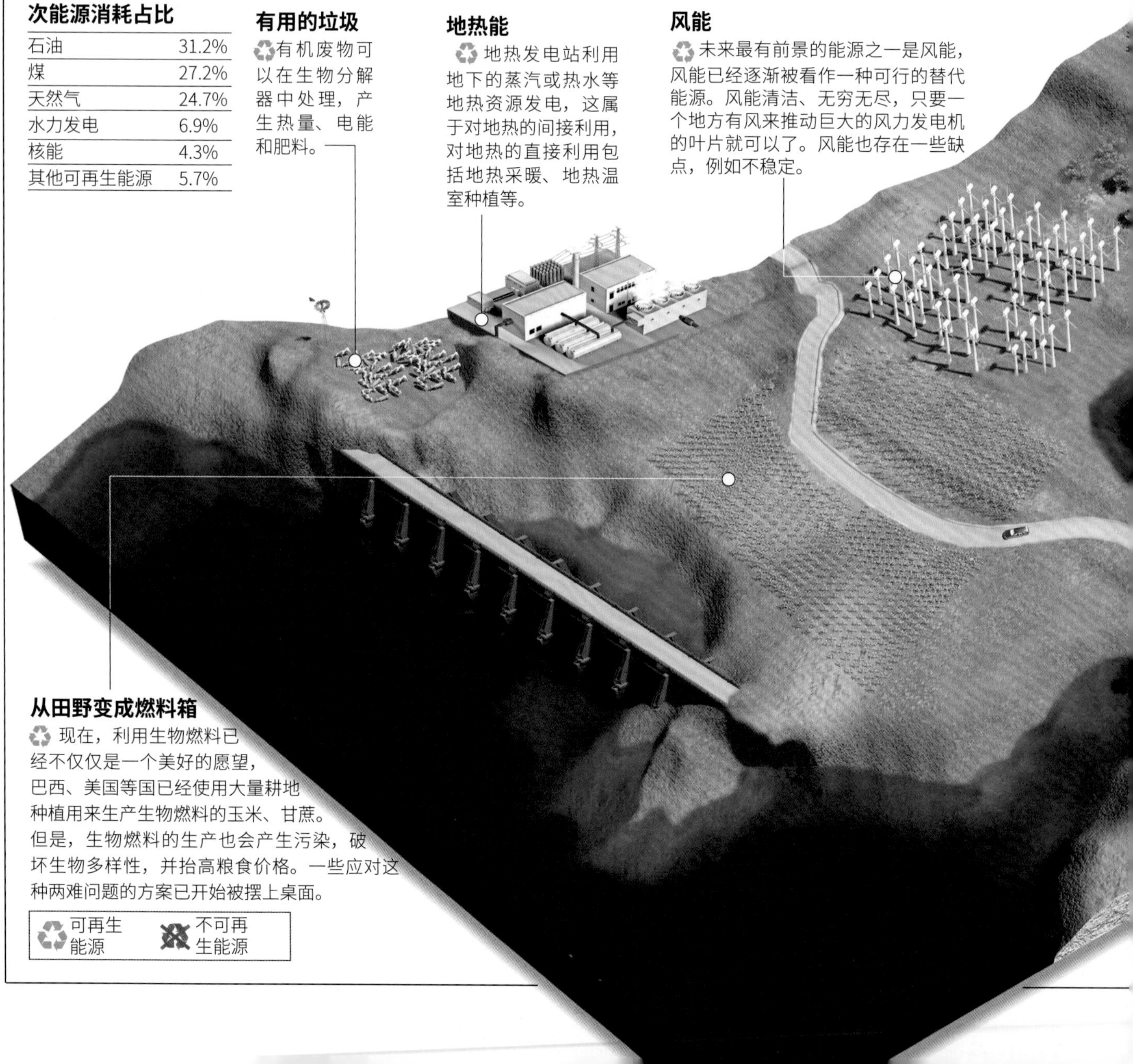

从田野变成燃料箱

现在，利用生物燃料已经不仅仅是一个美好的愿望，巴西、美国等国已经使用大量耕地种植用来生产生物燃料的玉米、甘蔗。但是，生物燃料的生产也会产生污染，破坏生物多样性，并抬高粮食价格。一些应对这种两难问题的方案已开始被摆上桌面。

可再生能源　不可再生能源

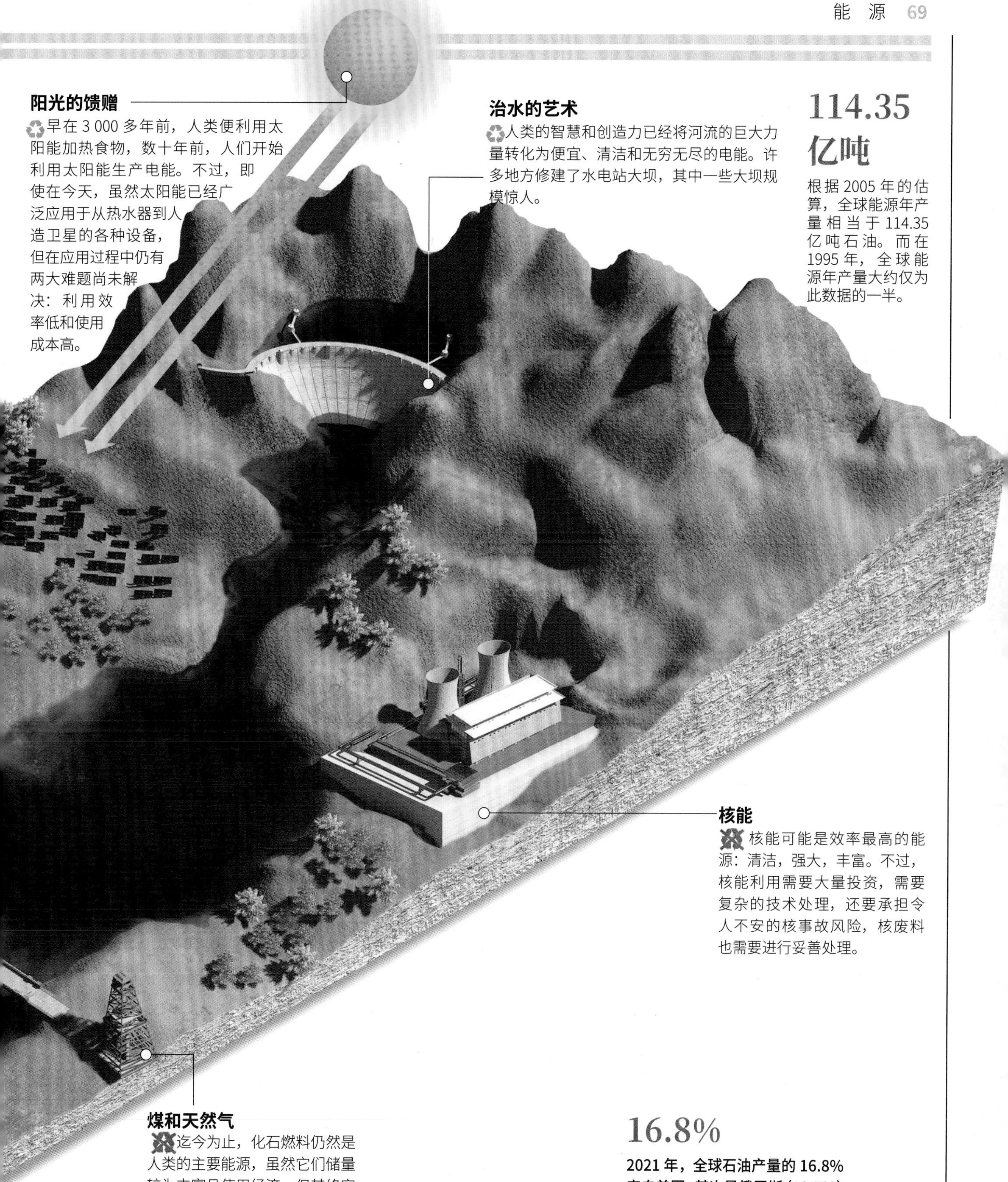

阳光的馈赠

早在 3 000 多年前，人类便利用太阳能加热食物，数十年前，人们开始利用太阳能生产电能。不过，即使在今天，虽然太阳能已经广泛应用于从热水器到人造卫星的各种设备，但在应用过程中仍有两大难题尚未解决：利用效率低和使用成本高。

治水的艺术

人类的智慧和创造力已经将河流的巨大力量转化为便宜、清洁和无穷无尽的电能。许多地方修建了水电站大坝，其中一些大坝规模惊人。

114.35 亿吨

根据 2005 年的估算，全球能源年产量相当于 114.35 亿吨石油。而在 1995 年，全球能源年产量大约仅为此数据的一半。

核能

核能可能是效率最高的能源：清洁，强大，丰富。不过，核能利用需要大量投资，需要复杂的技术处理，还要承担令人不安的核事故风险，核废料也需要进行妥善处理。

煤和天然气

迄今为止，化石燃料仍然是人类的主要能源，虽然它们储量较为丰富且使用经济，但其终究是有限的不可再生能源，并且化石燃料的燃烧在很大程度上加剧了温室效应，导致全球变暖。

16.8%

2021 年，全球石油产量的 16.8% 来自美国，其次是俄罗斯（12.7%）和沙特阿拉伯（12.2%）。

石 油

石油是世界上最重要的能源之一。石油来源于远古时期的有机物沉积，这些有机物已经埋藏在地球内部上亿年。尚未经提炼的石油称为原油，是以碳氢化合物（烃）为主要成分的复杂混合物。因此，必须先对原油进行提炼，对各种成分进行分离。石油是宝贵的不可再生能源，燃烧时会污染空气，由于它的这些特点，研究人员正在努力寻找替代能源。

从油井到储罐

原油从油井抽出后，要进行精炼并分馏为几种产品，其中之一就是汽油。

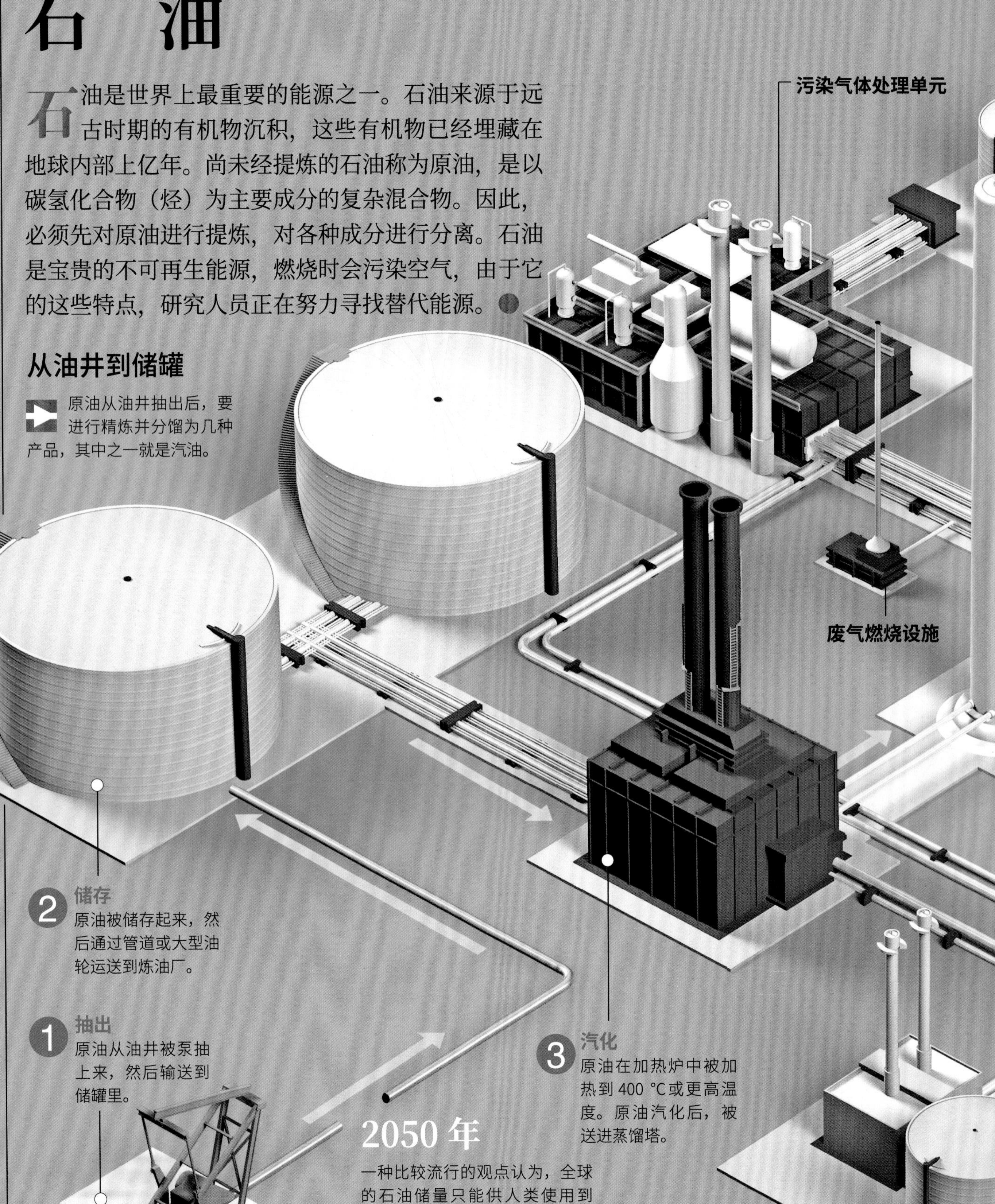

2 储存
原油被储存起来，然后通过管道或大型油轮运送到炼油厂。

1 抽出
原油从油井被泵抽上来，然后输送到储罐里。

3 汽化
原油在加热炉中被加热到 400 °C或更高温度。原油汽化后，被送进蒸馏塔。

2050 年

一种比较流行的观点认为，全球的石油储量只能供人类使用到 2050 年，但事实上，这一数字在随着各种因素的影响而不断变化。

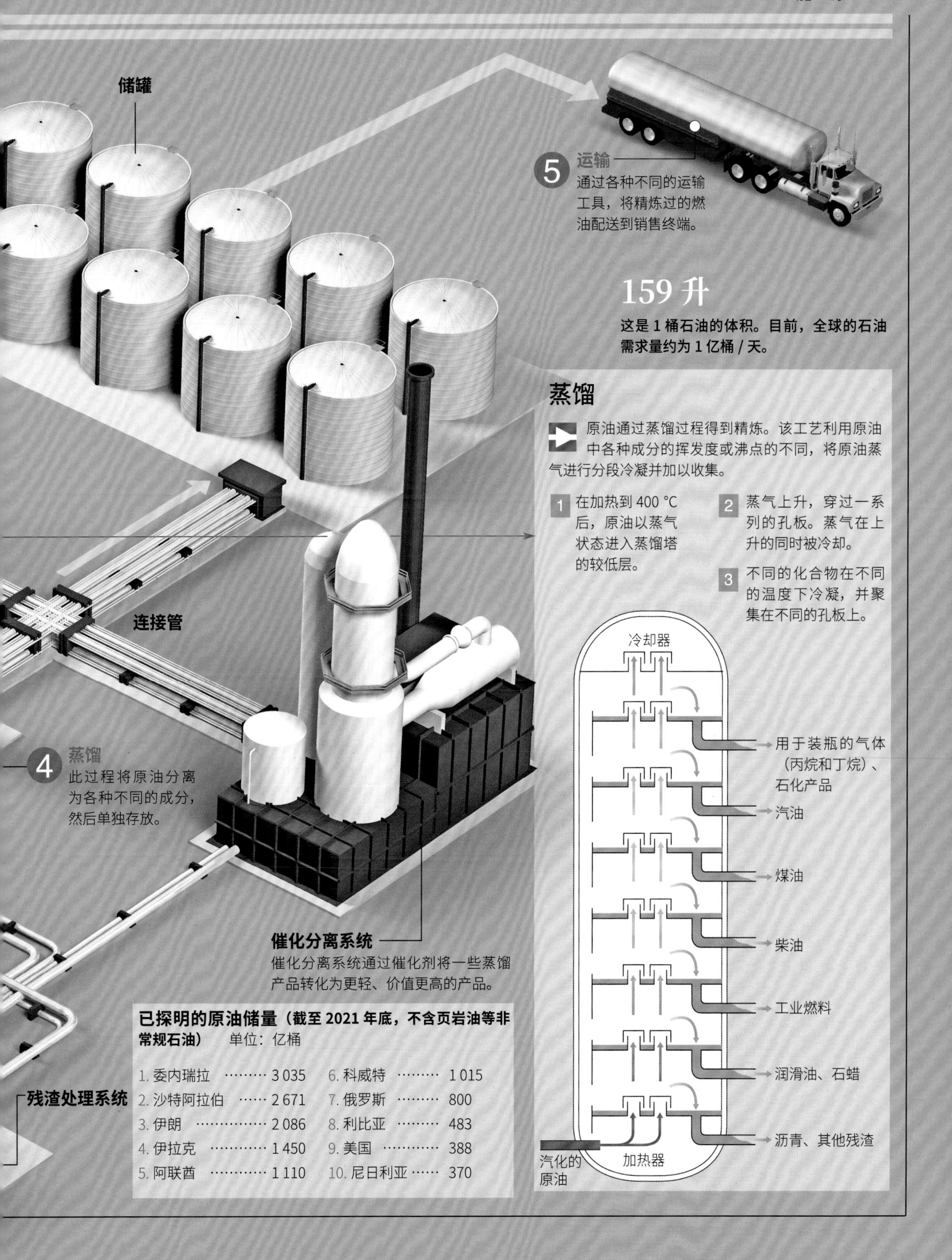
储罐
5 运输
通过各种不同的运输工具，将精炼过的燃油配送到销售终端。
连接管
4 蒸馏
此过程将原油分离为各种不同的成分，然后单独存放。
催化分离系统
催化分离系统通过催化剂将一些蒸馏产品转化为更轻、价值更高的产品。
残渣处理系统
冷却器
用于装瓶的气体（丙烷和丁烷）、石化产品
汽油
煤油
柴油
工业燃料
润滑油、石蜡
沥青、其他残渣
汽化的原油
加热器

159 升

这是 1 桶石油的体积。目前，全球的石油需求量约为 1 亿桶 / 天。

蒸馏

原油通过蒸馏过程得到精炼。该工艺利用原油中各种成分的挥发度或沸点的不同，将原油蒸气进行分段冷凝并加以收集。

1. 在加热到 400 °C 后，原油以蒸气状态进入蒸馏塔的较低层。
2. 蒸气上升，穿过一系列的孔板。蒸气在上升的同时被冷却。
3. 不同的化合物在不同的温度下冷凝，并聚集在不同的孔板上。

已探明的原油储量（截至 2021 年底，不含页岩油等非常规石油） 单位：亿桶

国家	储量	国家	储量
1. 委内瑞拉	3 035	6. 科威特	1 015
2. 沙特阿拉伯	2 671	7. 俄罗斯	800
3. 伊朗	2 086	8. 利比亚	483
4. 伊拉克	1 450	9. 美国	388
5. 阿联酋	1 110	10. 尼日利亚	370

天然气

天然气因为其可用性和高效率，在全球能源排行中慢慢地上升到重要的地位。天然气被誉为最清洁的化石燃料。过去 30 年中，由于技术的进步，尤其是矿藏勘探技术的进步，天然气的探明储量已经大幅度增加。随着开发的深入，全球许多地区对天然气的依赖性也不断增长。

看不见的能源

天然气是指从地下采出的、以甲烷为主的可燃气体，一般无色，有时有汽油味或臭鸡蛋味。甲烷是使天然气成为能源的有用成分。

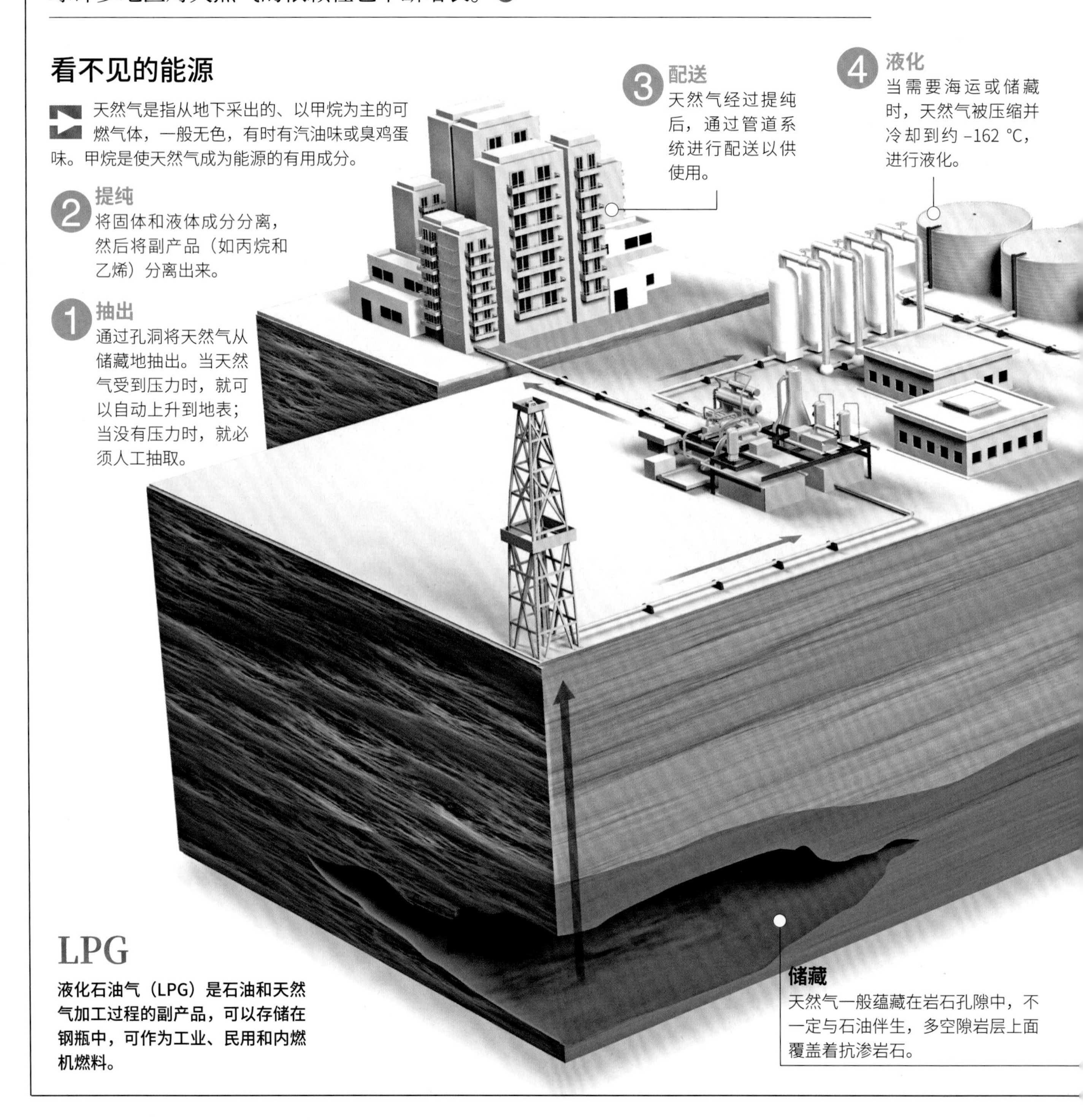

1 抽出
通过孔洞将天然气从储藏地抽出。当天然气受到压力时，就可以自动上升到地表；当没有压力时，就必须人工抽取。
2 提纯
将固体和液体成分分离，然后将副产品（如丙烷和乙烯）分离出来。
3 配送
天然气经过提纯后，通过管道系统进行配送以供使用。
4 液化
当需要海运或储藏时，天然气被压缩并冷却到约 -162 ℃，进行液化。
储藏
天然气一般蕴藏在岩石孔隙中，不一定与石油伴生，多空隙岩层上面覆盖着抗渗岩石。

LPG

液化石油气（LPG）是石油和天然气加工过程的副产品，可以存储在钢瓶中，可作为工业、民用和内燃机燃料。

无损耗输送

天然气的众多优点之一是输送效率高。从气田开始，天然气能够通过轮船或管道输送上万千米而只损耗极小一部分。

7 配送
天然气被送至居民家中和商业用户处。

1/600

当天然气被液化以方便储存或运输时，其体积可减小到原来的 1/600。

6 汽化
经运输后，液化天然气回到气体状态，通过天然气管网进行分配。

5 运输
使用大型双壳船以液体状态运送天然气。

气田气

油田气

天然气气室

抗渗岩石

天然气气室

石油

储量

俄罗斯拥有世界上最大的天然气储量。

国家	已探明的天然气储量（万亿立方米）	占全球天然气探明储量的比例（%）
俄罗斯	47.8	23.2
伊朗	34.0	16.5
卡塔尔	23.8	11.6
土库曼斯坦	14.0	6.8
美国	12.2	5.9
沙特阿拉伯	8.5	4.1
阿联酋	8.2	4.0
尼日利亚	5.8	2.8
委内瑞拉	5.5	2.7
阿尔及利亚	4.5	2.2

205.9 万亿立方米

这是 2021 年全球天然气探明储量。

水力发电

2021 年，全球大约 16% 的电力是由水电站利用河流的力量生产的。水力发电技术从 19 世纪开始投入使用。虽然水力发电对环境有一定影响，但是水力是一种可再生的非污染性资源。目前全球的水电开发尚有很大潜力，多国积极布局水力发电项目。

改移河道
充填室
管道
发电站
河流

水轮机室

在这里，水轮机将水流的能量转换成旋转机械能，以驱动发电机。

1 水
水受到压力，被引入发电站，然后注入水轮机。

2 水轮机
水的力量作用在水轮机叶片上，使水轮机转动。

喷针
调节进入水轮机的水的流量。

叶片
叶状元件，许多叶片构成叶轮。

进水管道
将受压的水注入水轮机。

发电机
发电机将水轮机的机械能转化为电能。

3 能量
水轮机带动发电机，发电机产生电能，水返回河流。

从大坝到城市

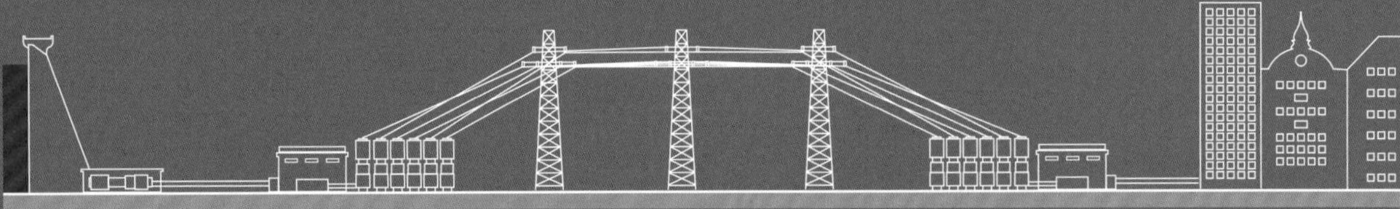

发电厂产生的电被输送到变压器，变压器将电压升高，以便于传输。

电能通过高压电网传输到很远的地方。

在把电配送到千家万户前，要使用变压器将电压调低。

引水式水电站

1 利用引水道（明渠、隧洞、管道、渡槽等）引水发电，多建在河流比降较大的河段上。

坝式水电站

2 通过拦河建坝围成一个水库，保证水流稳定，因此可以不受水位变化的影响，也保证了稳定的发电量。

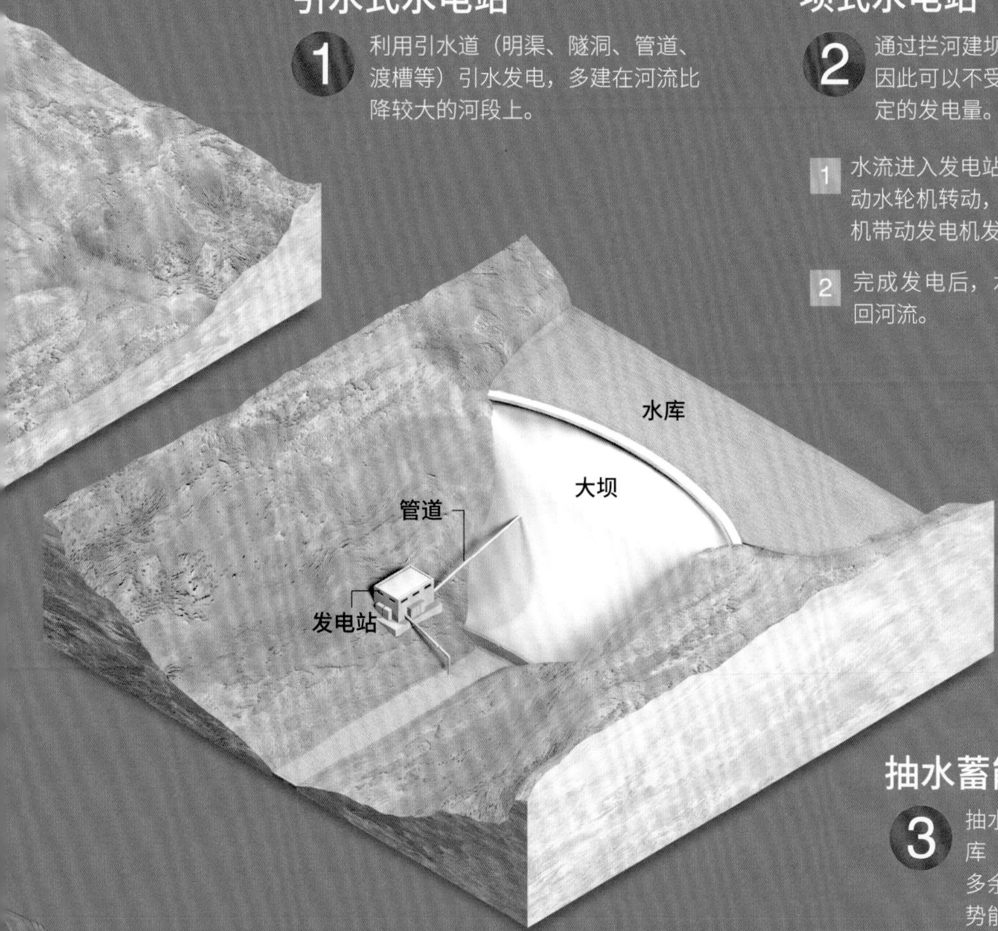

1 水流进入发电站，推动水轮机转动，水轮机带动发电机发电。

2 完成发电后，水返回河流。

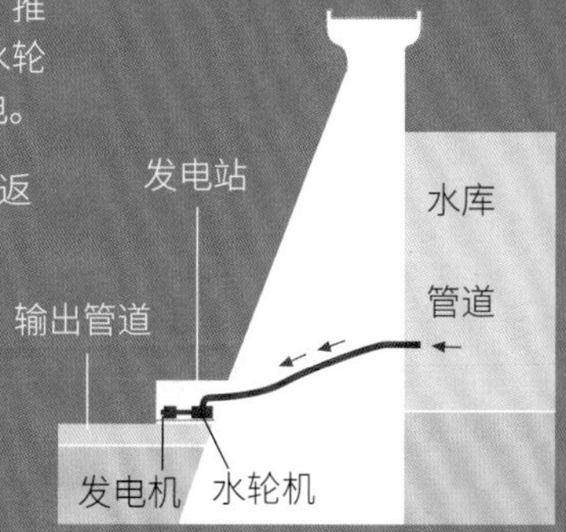

中国

中国是世界上水力发电规模最大的国家（截至 2021 年底，中国水电装机容量约 3.91 亿千瓦），其次是巴西、美国、加拿大。

抽水蓄能电站

3 抽水蓄能电站拥有位于不同高度的 2 个水库（称上池和下池），可以在电力系统有多余电能时，将下池中的水抽到上池，以势能的形式蓄能，有需要时再从上池放水发电。

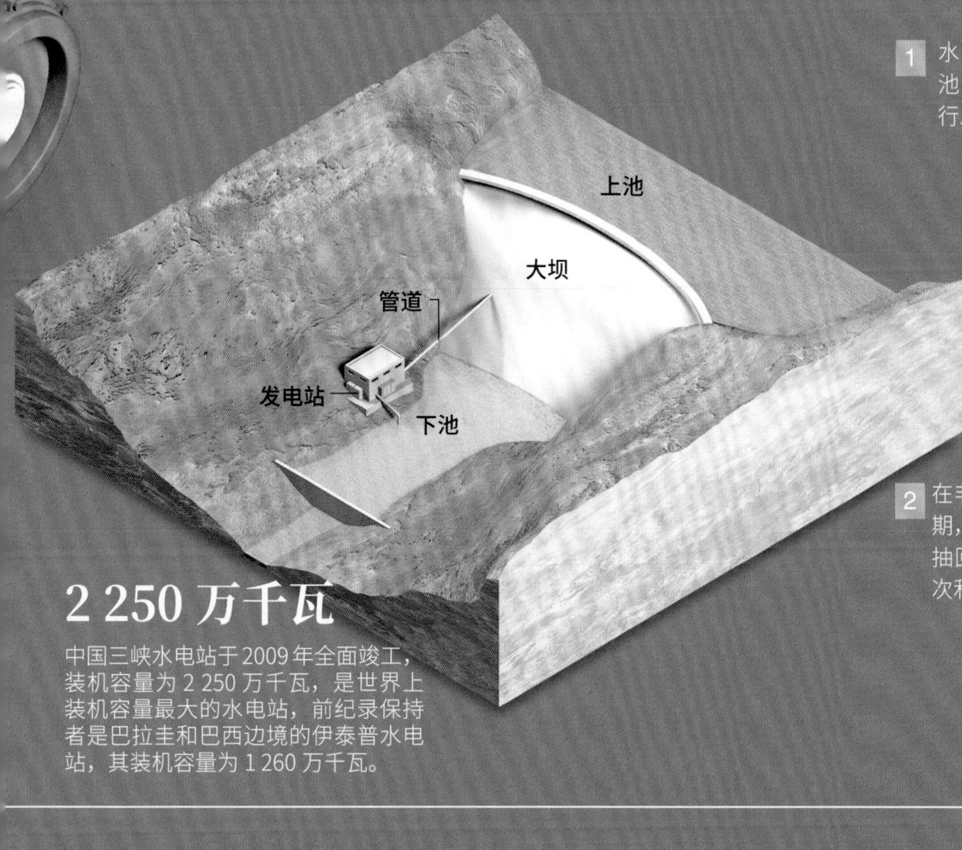

1 水从上池流入下池，在此过程中进行发电。

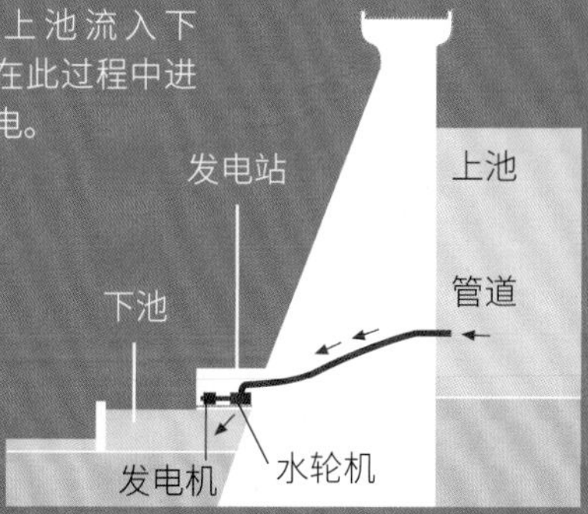

2 在非用电高峰期，用泵将水抽回上池，再次利用。

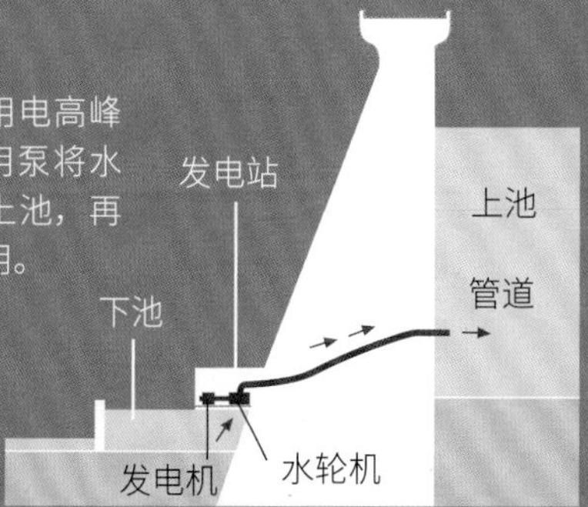

2 250 万千瓦

中国三峡水电站于2009年全面竣工，装机容量为 2 250 万千瓦，是世界上装机容量最大的水电站，前纪录保持者是巴拉圭和巴西边境的伊泰普水电站，其装机容量为 1 260 万千瓦。

核 能

核能发电是通过可控核反应来获得电能的方法，具有高效、清洁的优点。但是，核能发电时存在大量放射性物质，一旦发生核泄漏，危害将是巨大的。此外，核电站产生的核废料也需要得到妥善处理。

核裂变

当使用中子轰击某些重原子核（如铀-235 原子核）时，重原子核会分裂成 2 个或更多轻原子核。此过程会释放大量的能量和新的中子，这些中子又可以使其他的原子核发生分裂，产生链式反应。

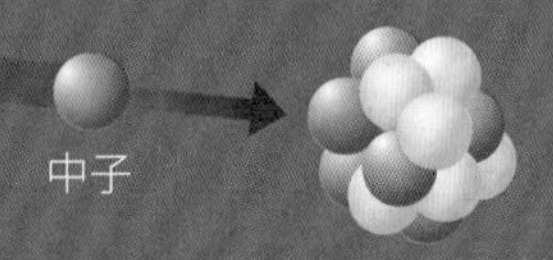

慢化剂

原子核分裂释放的中子速度过快，难以被其他原子核捕捉，为了使链式反应发生，需要用慢化剂降低中子的速度，常用的慢化剂材料有水、重水、石墨和铍等。

电能的产生

利用来自反应堆的核裂变释放的能量获得高温，产生高热蒸汽，推动汽轮机，进而带动发电机。

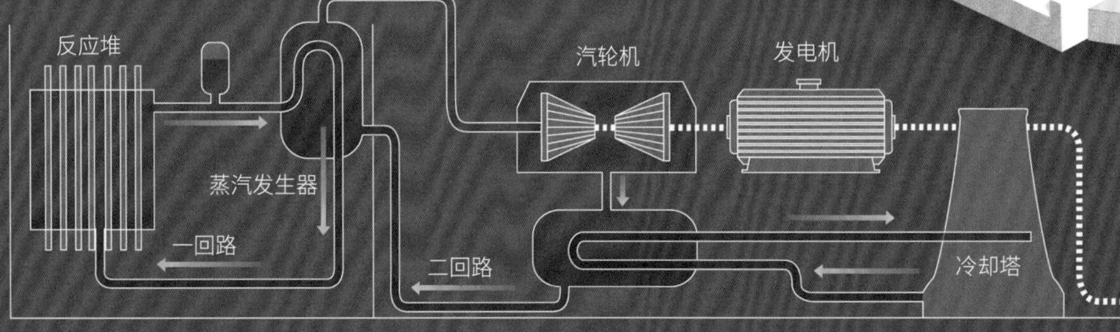

1 **水** 核裂变产生的热量加热一回路的高压水，使其变为高温高压水。

2 **蒸汽** 高温高压水在蒸汽发生器中将热量传递给二回路的水，使其变为蒸汽。

3 **电** 蒸汽通过管路进入汽轮机，推动其运转，汽轮机驱动发电机发电。

4 **循环** 蒸汽冷凝成液态水，再次使用。

流动式起重机
用来移动为反应堆补充燃料的机械装置。

反应堆堆芯
反应堆堆芯含放射性燃料，是发生核反应的地方。

2021 年，全球的核能发电总量为
26 530 亿千瓦时。

分离器
将液态水从蒸汽中分离出来。

蒸汽进入汽轮机

热水管道

冷水管道

水泵
维持系统内的流体循环。

5 输送
在电力被输送之前，使用变压器升高其电压。

440 座

目前，全球运行中的反应堆大约有 440 座，另有数十座反应堆处于建设阶段。

铀

在自然界中，铀通常与其他矿物伴生。而且，仅有 0.7% 的天然铀是核裂变所需的铀 -235。核电站的燃料一般需要铀 -235 的纯度为 3%~5%，因此必须对天然铀进行浓缩。

1 对铀矿石进行处理，直到获得一种俗称“黄饼”的物质，其中铀含量一般为 40%~70%。

2 接下来的转化过程中，首先产生四氟化铀（UF_4），然后产生六氟化铀（UF_6）。

UF_4

UF_6

3 气态的六氟化铀被放入高速旋转的离心机，铀的不同同位素逐渐分离，直到获得达到纯度要求的铀 -235。

4 浓缩铀再次固化。

5 通过压缩，得到浓缩铀芯块，其可用作反应堆的燃料。

6 将浓缩铀芯块放入空心棒中，然后将这些燃料棒放入反应堆堆芯。

燃料棒

浓缩铀芯块

太阳能

在日常生活中，利用太阳能来发电和供暖正变得越来越普遍。从配备太阳能电池板的人造卫星，到利用太阳能的公共交通设备，再到全球正在大规模建设的太阳能住宅，对这种清洁且无限的能源的利用随处可见。

太阳能发电

太阳能电池通过光电效应（或光化学效应）把太阳辐射的光能转化成电能。

太阳能电池

太阳能电池主要由一层薄的半导体材料（如硅）构成，在这层半导体材料上发生光电效应。

1 阳光照在电池上，一些非常活跃的光子推动电子，并使电子移动到电池的受光面。

2 带负电荷的受光面成为负极，积累了大量正电荷的背光面成为正极。

3 一旦电路闭合，就会形成从负极流向正极的连续电子流（与电学中规定的电流方向相反）。

4 只要阳光持续照亮电池，电流就会得到维持。

光子

电子

能量调节器

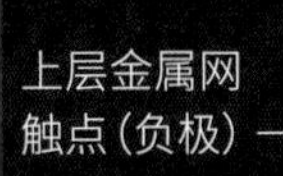

上层金属网
触点（正极）

负触点（-）

N型半导体（-）
（主要是硅）

空间电荷区

P型半导体（+）
（主要是硅）

正触点（+）

投 资

大规模应用太阳能发电的主要问题之一，是其高额的启动费用。

太阳能供暖

阳光的另一种用途是作为房屋的热源，我们使用太阳能集热器（简称集热器）来实现这种用途。与太阳能电池不同，集热器不产生电能。

集热器

集热器利用温室效应的原理工作。它吸收太阳的热量，并防止热量散失。在此过程中，管道中的流体（水或空气）被加热，这些流体再加热水箱（换热器）中的水。

盖板
由一块或几块玻璃板构成，它允许阳光穿过，同时能够保留集热器里积蓄的热量。

吸热板
通常由铜制成，包含管道系统，被加热的流体在管道系统中流过。

保温层
减少吸热板向周围环境散失的热量，提高集热器的效率。

热水和热量循环

1 热流体通过管道从集热器中流出。

2 热流体进入换热器，在换热器中对室内用水进行加热。

3 水从换热器中流出，其温度适于直接使用或为房屋供暖。

4 泵将冷却的液体送回集热器，重复前面的过程。

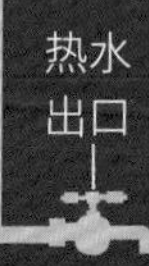

热水出口

冷水进口

众多应用

太阳能可以在各种以电力驱动的系统中发挥重要作用，并且不污染环境。虽然，目前此项技术的成本比煤、天然气或石油更昂贵，但是这种成本差异正在改变。

航天
从人造卫星到空间探测器，现在，几乎所有航天器都配备了太阳能电池板。

交通运输
此领域的应用仍面临巨大的挑战，但人类已经研制了许多太阳能汽车的雏形，一些城市也开始尝试研制太阳能公共汽车。

电子工业
几乎所有以电池为能源的电子设备都可以靠太阳能供电，例如计算器、收音机、电子表等。

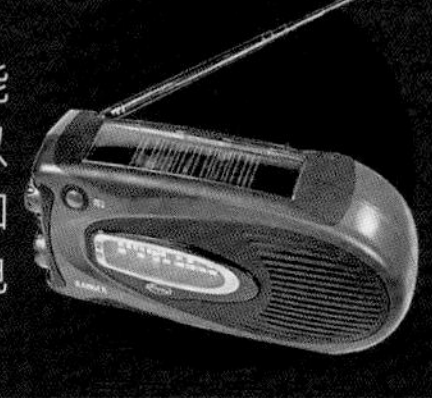

风 能

利用风能驱动巨大的风力发电机发电，这是最有前景的可再生能源利用形式之一。风电是一种用之不竭的清洁能源，其优点多于缺点。缺点有我们不能精确预测风力和风向，以及成群的巨大塔架可能会对当地地貌产生负面影响。

风力发电机

从风的减速中获得能量以驱动发电机发电的设备，由风轮（含叶片和轮毂）、齿轮箱、发电机等组成。

1 风
风推动风力发电机的叶片产生机械能，然后机械能又被转化为电能。

低速轴
低速轴旋转缓慢，转速为20~35转/分。

变速器
通过齿轮变速可以将高速轴的转速提高至低速轴的50倍。

高速轴
转速为1 500转/分左右，能够带动发电机运转。

发电机
将轴的机械能转化为电能。

计算机
控制风力发电机的状态及叶片方向。

制动装置
当风力发电机发生故障时，或当风太大（例如风速超过120千米/时）、可能损坏设备时，需要进行制动。

冷却系统
冷却系统用风扇冷却发电机，用油来冷却变速器的润滑剂。

叶片
叶片的角度可以调节，这既可以用来最大限度地利用风力，也可以在风太大时降低转速。

迎风时，叶片的形状使风在叶片的两个面之间形成压力差，从而使叶片发生转动。

8.37亿千瓦

这是截至2021年底全球的风电累计装机容量，中国、美国和德国是风电累计装机容量最多的3个国家。

2 电能
发电机产生的电能传入电缆，进入采集厂。

叶片
常见的风力发电机都是3个叶片，这是综合考虑输出功率和经济效益的结果。风力发电机叶片的长度在不断刷新，最长的已超过100米。

风力发电机组

风力发电机一般成组安装在多风、荒凉、人迹罕至的地区。目前陆上风力发电机组主流机型的功率范围一般为1 500~2 500千瓦，其塔架高度与功率有关，从数十米到上百米不等。

无障碍物的高地是安装风力发电机的理想场所，因为风可以不受阻碍地到达风力发电机而减少扰动影响。

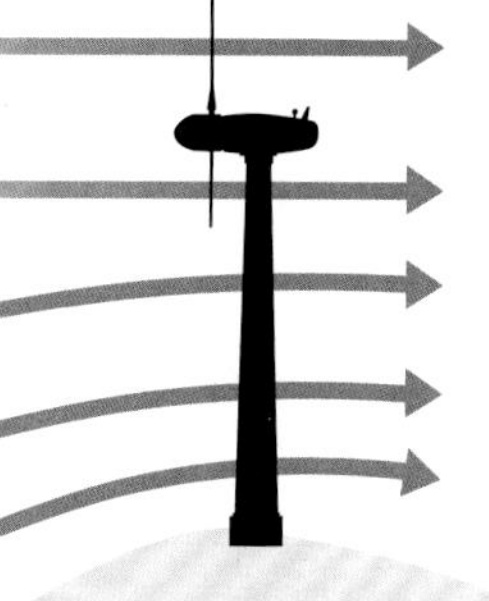

风力发电机在风电场中成组分布，这样做的好处是降低成本，并减少对地貌环境的影响。

电的旅行

风电场产生的电能可以和由其他方式产生的电能一起通过主干电网传输。

塔架

变压器将来自风力发电机的电压升高数千伏特。

采集厂接收来自各个变压器的电能。

周边城市直接从采集厂接收电能。

变电站收到来自采集厂的电能，将其电压升高到数十万伏特，传输到远方的城市。

3 电网
电能离开风电场后，汇入主干电网。

4 家庭
电能进入居民配电网，然后进入千家万户。

生物燃料

目前看来，添加了以作物（如玉米）为基础生产的乙醇的汽油，以及以动植物油脂为原料制成的生物柴油，将成为应对地球石油储量终将枯竭以及全球市场中化石燃料成本高昂等问题的越来越可行的解决方案。不过，这种类型的能源也面临新的挑战。环境方面需要考虑的一个问题是，生物燃料的大量生产可能导致丛林和森林被单一作物（原料作物）的种植所替代。

乙醇

乙醇通常被称作酒精，它可以以纯净形式作为燃料使用，或者与汽油按不同比例混合使用。乙醇汽油中乙醇的含量越高，对使用它的发动机的改造要求就越高。常见的2种乙醇汽油为E10和E85，其乙醇含量分别为10%和85%。

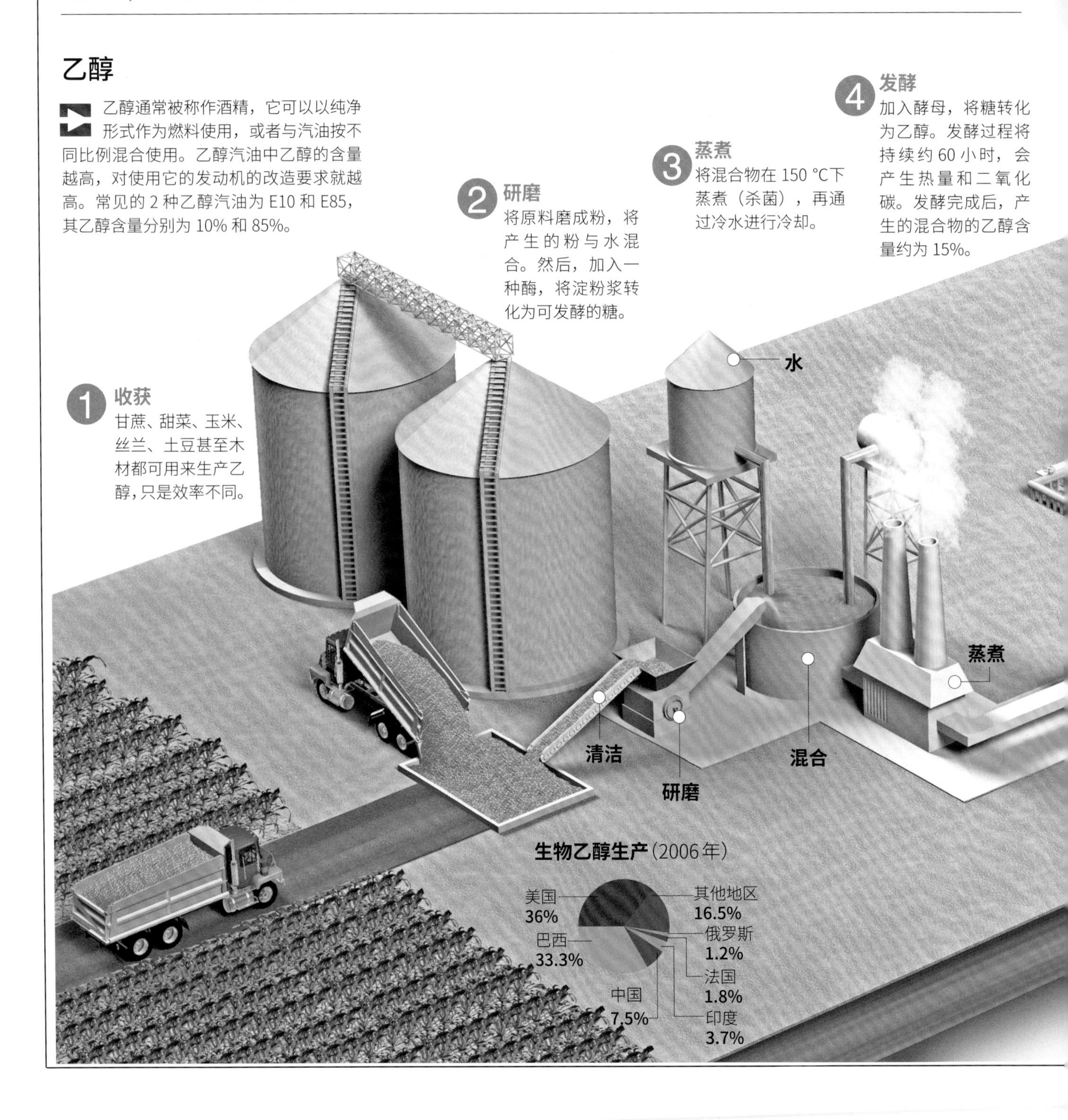

1 收获
甘蔗、甜菜、玉米、丝兰、土豆甚至木材都可用来生产乙醇，只是效率不同。
2 研磨
将原料磨成粉，将产生的粉与水混合。然后，加入一种酶，将淀粉浆转化为可发酵的糖。
3 蒸煮
将混合物在150 °C下蒸煮（杀菌），再通过冷水进行冷却。
4 发酵
加入酵母，将糖转化为乙醇。发酵过程将持续约60小时，会产生热量和二氧化碳。发酵完成后，产生的混合物的乙醇含量约为15%。
水
蒸煮
清洁
研磨
混合
生物乙醇生产（2006年）
美国
36%
巴西
33.3%
其他地区
16.5%
俄罗斯
1.2%
法国
1.8%
中国
7.5%
印度
3.7%

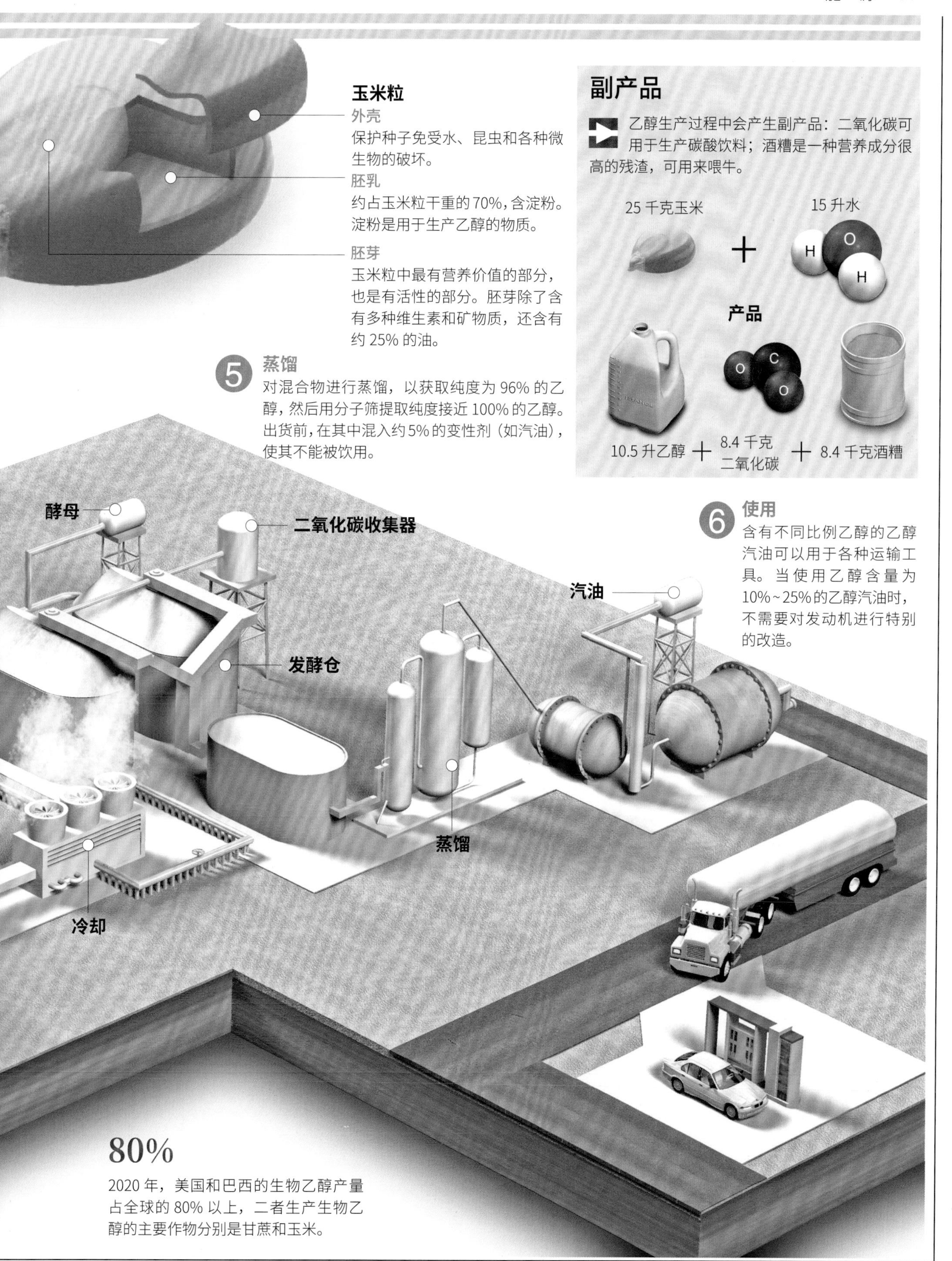

玉米粒

外壳

保护种子免受水、昆虫和各种微生物的破坏。

胚乳

约占玉米粒干重的70%，含淀粉。淀粉是用于生产乙醇的物质。

胚芽

玉米粒中最有营养价值的部分，也是有活性的部分。胚芽除了含有多种维生素和矿物质，还含有约 25% 的油。

副产品

乙醇生产过程中会产生副产品：二氧化碳可用于生产碳酸饮料；酒糟是一种营养成分很高的残渣，可用来喂牛。

25 千克玉米 + 15 升水

产品

10.5 升乙醇 + 8.4 千克二氧化碳 + 8.4 千克酒糟

5 蒸馏

对混合物进行蒸馏，以获取纯度为 96% 的乙醇，然后用分子筛提取纯度接近 100% 的乙醇。出货前，在其中混入约5%的变性剂（如汽油），使其不能被饮用。

6 使用

含有不同比例乙醇的乙醇汽油可以用于各种运输工具。当使用乙醇含量为10%~25%的乙醇汽油时，不需要对发动机进行特别的改造。

80%

2020 年，美国和巴西的生物乙醇产量占全球的 80% 以上，二者生产生物乙醇的主要作物分别是甘蔗和玉米。

生物分解

当厌氧菌（在无氧条件下生长繁殖的一些细菌）通过发酵过程分解有机物时，会释放出沼气，这些气体可以用于采暖和发电。生物分解过程还会产生营养价值很高的、可以用于农业或渔业生产的污泥。此项技术可用于为农村和偏远地区提供替代能源，具有广阔的前景。除了满足这些地区的能源需求，该技术还有助于有机废物的循环利用。

沼气池

这是一个密闭空间，细菌在此分解有机废物。分解产生的气体（沼气）和肥沃的污泥被收集起来，供以后使用。

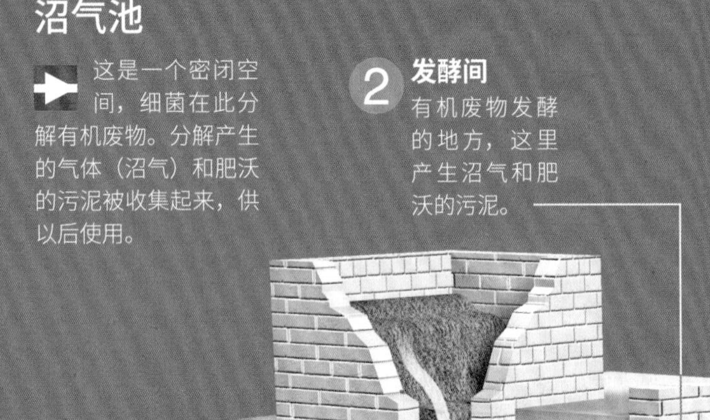

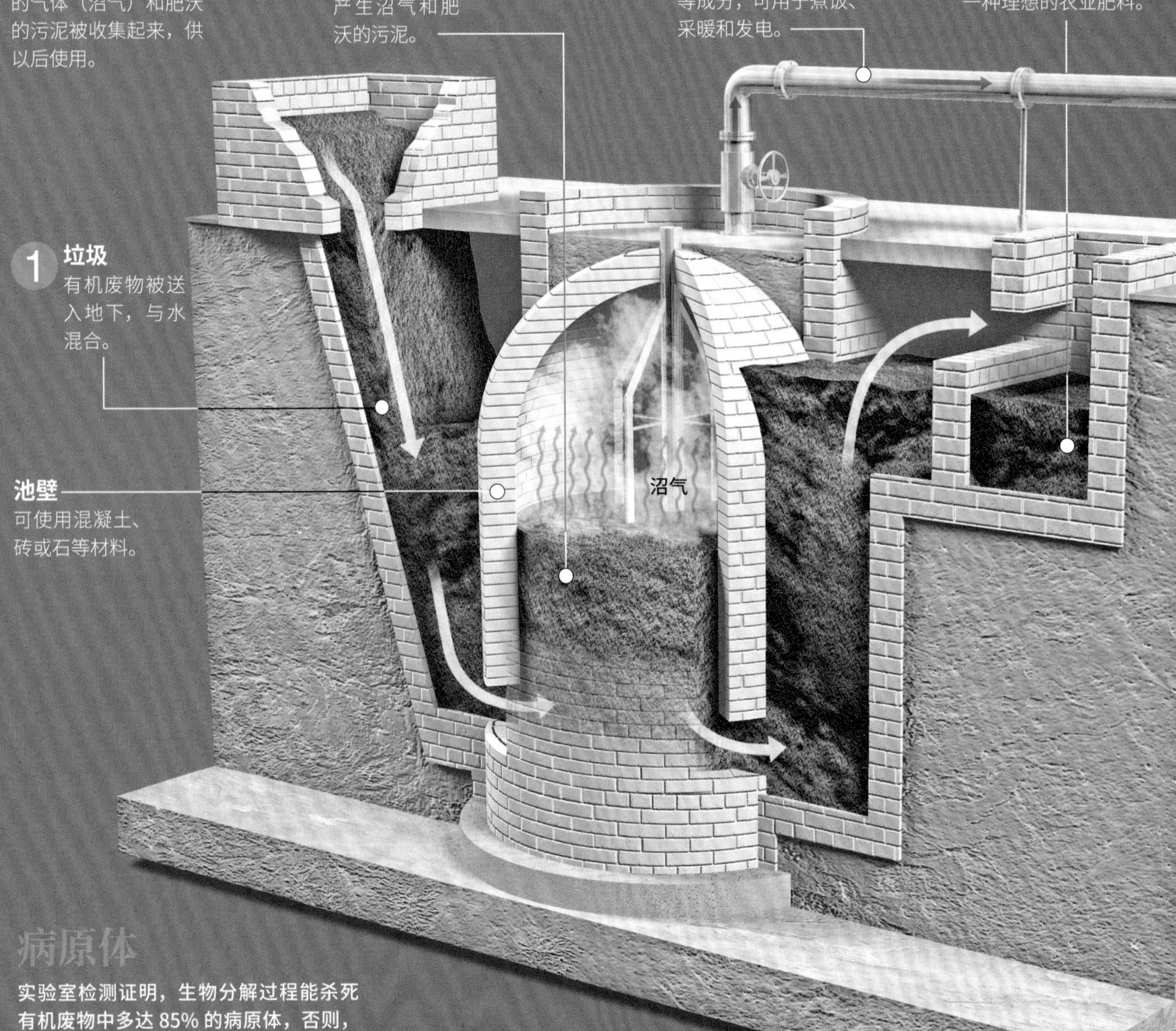

2 发酵间
有机废物发酵的地方，这里产生沼气和肥沃的污泥。
3 沼气
沼气通过导气管导出，含有甲烷和二氧化碳等成分，可用于煮饭、采暖和发电。
4 肥沃的污泥
污泥富含多种营养成分，无恶臭气味，是一种理想的农业肥料。
1 垃圾
有机废物被送入地下，与水混合。
池壁
可使用混凝土、砖或石等材料。
沼气

病原体

实验室检测证明，生物分解过程能杀死有机废物中多达 85% 的病原体，否则，这些病原体将被释放到环境中。

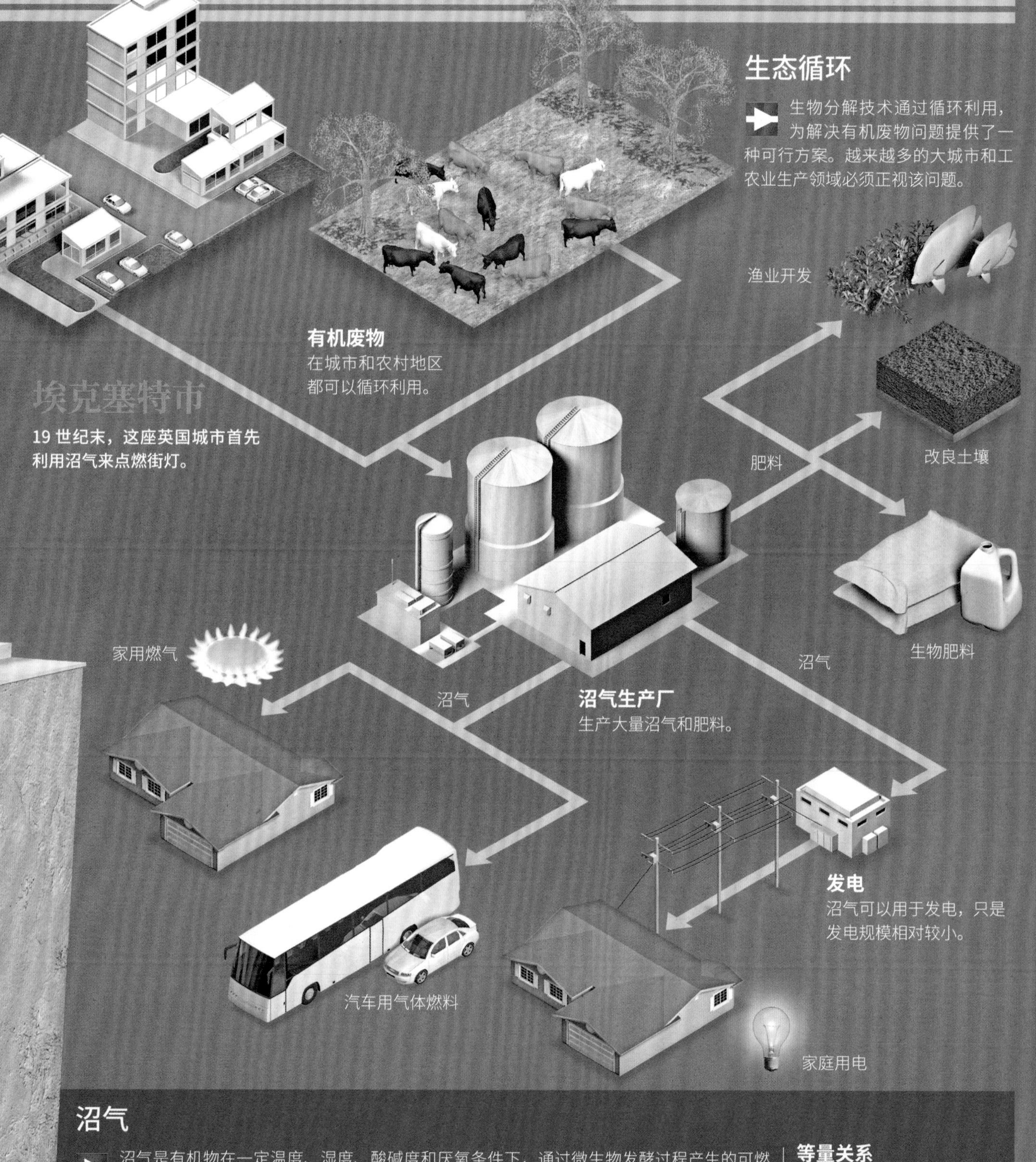

生态循环
生物分解技术通过循环利用，为解决有机废物问题提供了一种可行方案。越来越多的大城市和工农业生产领域必须正视该问题。
渔业开发
有机废物
在城市和农村地区都可以循环利用。
埃克塞特市
19 世纪末，这座英国城市首先利用沼气来点燃街灯。
肥料
改良土壤
生物肥料
沼气
家用燃气
沼气
沼气生产厂
生产大量沼气和肥料。
发电
沼气可以用于发电，只是发电规模相对较小。
汽车用气体燃料
家庭用电

沼气

沼气是有机物在一定温度、湿度、酸碱度和厌氧条件下，通过微生物发酵过程产生的可燃混合气体，沼气的构成取决于发酵原料的成分和反应条件。

55%~70%
甲烷
沼气的主要成分，也是提供能量的成分。

30%~45%
二氧化碳
温室气体，对于某些特定应用，必须将其从沼气中消除。

微量
氢气
存在于空气中的气体。

微量
氮气
存在于空气中的气体。

微量
硫化氢
具有腐蚀性和高污染性的物质，必须消除。

等量关系

1立方米 沼气
1立方米 沼气
=
1千克 汽油

2 立方米沼气燃烧释放的热量与 1 千克汽油燃烧释放的热量相当。

地热能

地热能是最清洁和最有前景的能源之一。100 多年前，第一家地热发电站就开始运营。地热发电站利用地球内部的热量进行发电。不过，地热发电站也会受到一些因素限制，例如，它们经常建设在火山活动活跃的地区。而一旦火山活动减少，建在火山区的地热发电站随时可能倒闭。

地热资源的类型

可以根据地热资源的温度对其进行分类。

150 °C

90 °C

25 °C

高温地热资源（≥ 150 °C）
以蒸汽甚至是干蒸汽的形式存在，位于地壳板块的活动边界（如火山区），最适宜用来发电。中、低温地热资源则广泛分布于板块内部。

中温地热资源（90~150 °C）
以水和蒸汽的混合物等形式存在，适于发电和工业利用。

低温地热资源（≤ 90 °C）
以温水（25~40 °C）、温热水（40~60 °C）和热水（60~90 °C）的形式存在，可用于农业灌溉、土壤增温、医疗、洗浴、采暖等。

地热发电的类型

针对温度不同的地热资源，地热发电有不同的类型。

干蒸汽发电
少数地热层直接产生温度非常高的干蒸汽，干蒸汽可直接用于发电。因为不需要把水转化为蒸汽，所以这种类型的发电方式可以节省一个步骤。

连接发电机的轴

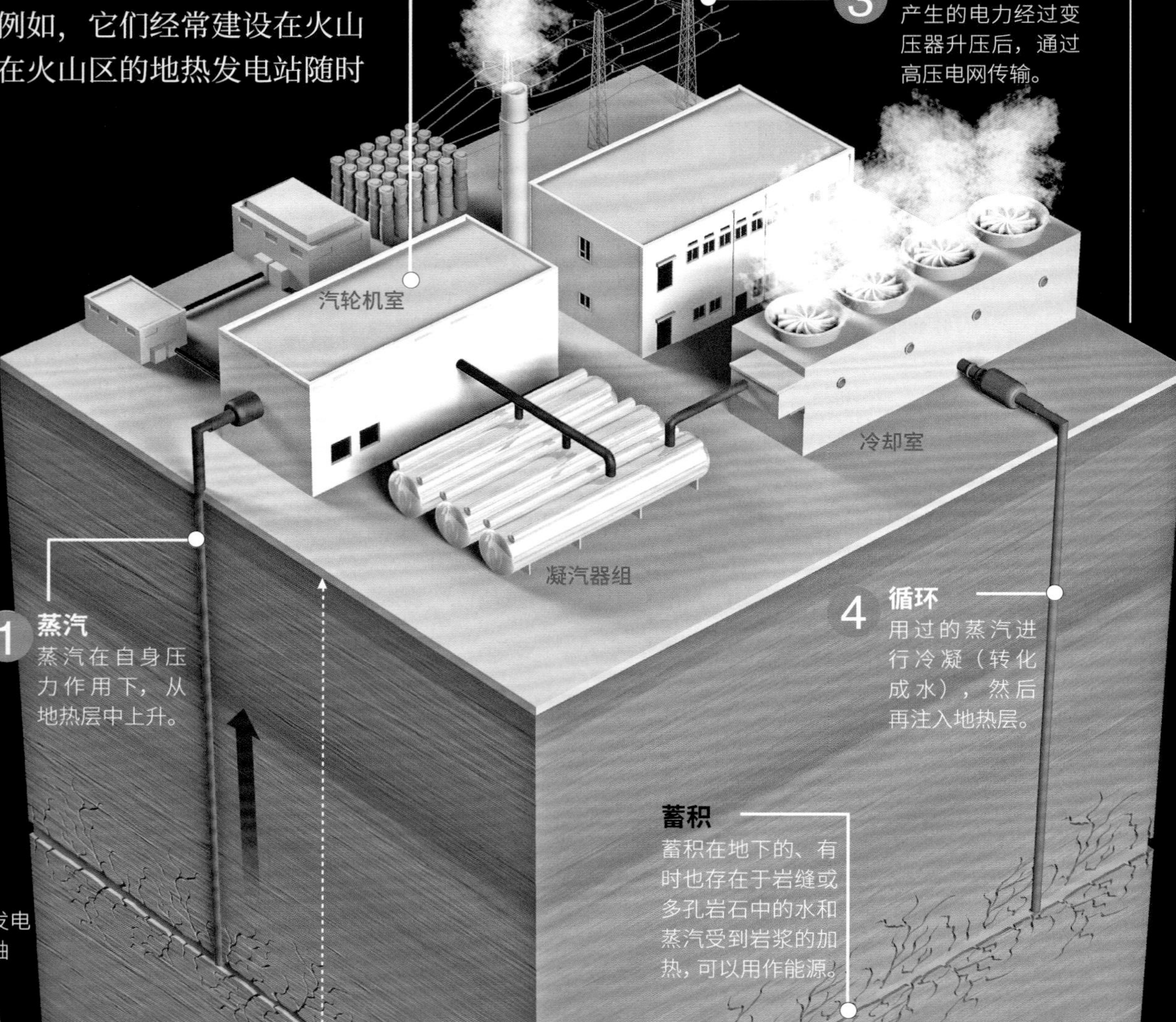

汽轮机室
冷却室
凝汽器组
1 蒸汽
蒸汽在自身压力作用下，从地热层中上升。
2 发电
进入发电站后，蒸汽推动汽轮机，汽轮机再带动发电机。
3 输送
产生的电力经过变压器升压后，通过高压电网传输。
4 循环
用过的蒸汽进行冷凝（转化成水），然后再注入地热层。
蓄积
蓄积在地下的、有时也存在于岩缝或多孔岩石中的水和蒸汽受到岩浆的加热，可以用作能源。

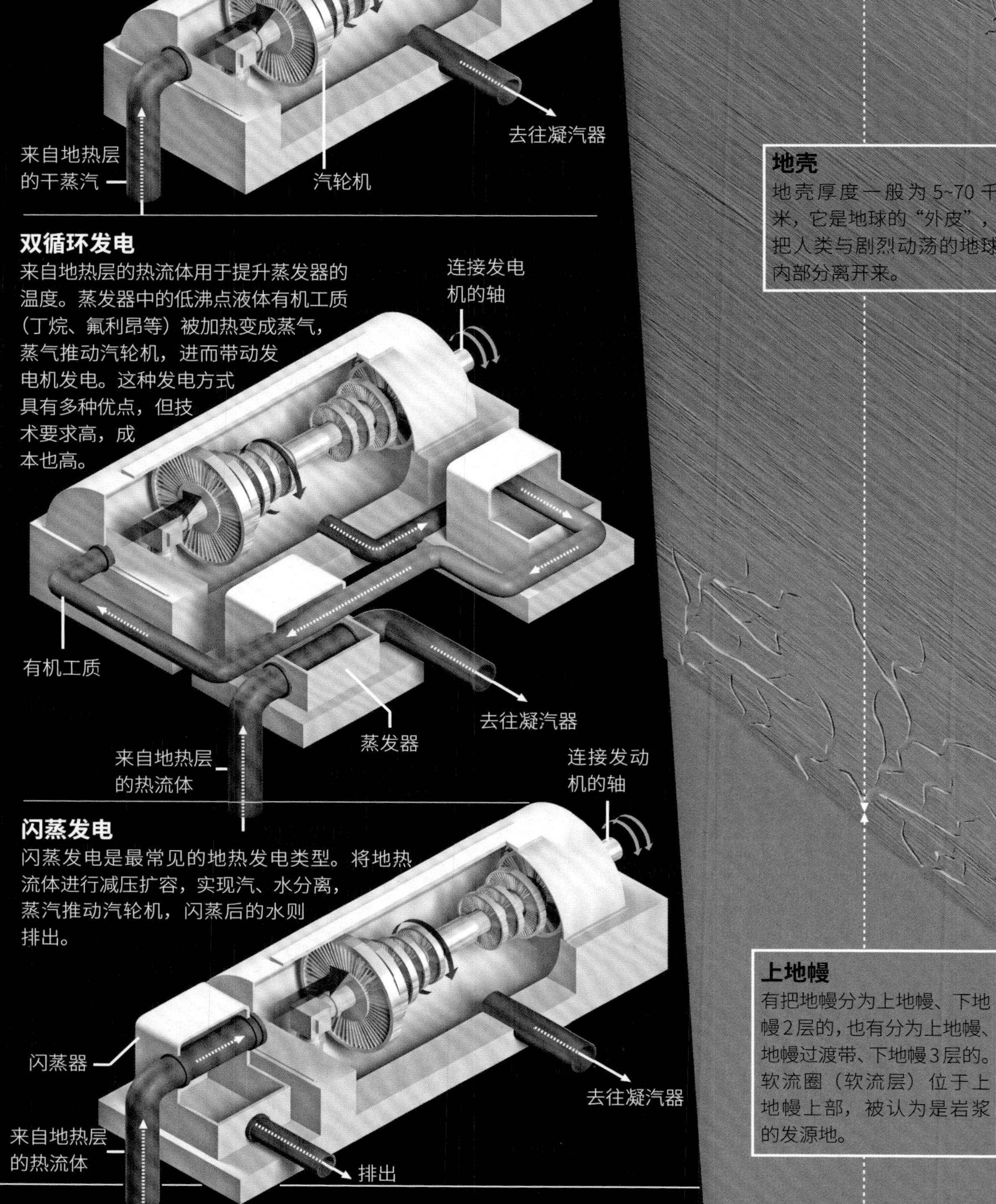

双循环发电

来自地热层的热流体用于提升蒸发器的温度。蒸发器中的低沸点液体有机工质（丁烷、氟利昂等）被加热变成蒸气，蒸气推动汽轮机，进而带动发电机发电。这种发电方式具有多种优点，但技术要求高，成本也高。

闪蒸发电

闪蒸发电是最常见的地热发电类型。将地热流体进行减压扩容，实现汽、水分离，蒸汽推动汽轮机，闪蒸后的水则排出。

地壳

地壳厚度一般为 5~70 千米，它是地球的“外皮”，把人类与剧烈动荡的地球内部分离开来。

上地幔

有把地幔分为上地幔、下地幔2层的，也有分为上地幔、地幔过渡带、下地幔3层的。软流圈（软流层）位于上地幔上部，被认为是岩浆的发源地。

裂缝与裂纹

来自地幔的岩浆上升，穿过地壳中的裂缝与裂纹，加热了岩石，岩石又加热了岩石中的水。

1 585 万千瓦

这是 2021 年底全球地热发电的总装机容量。排名前三的国家为美国、印度尼西亚、菲律宾。

潮汐能

潮汐中蕴含了巨大的发电潜能，同时利用这种能量又不会像燃烧化石燃料那样向大气中排放污染气体和耗尽资源。潮汐电站类似于水电站，建有拦水坝（在两侧海岸之间，横跨入海口），设有发电用的水轮机和发电机。●

水闸
涨潮时，打开水闸，放入海水，然后关闭水闸，防止海水流出。

潮汐

海水在月球和太阳等天体引潮力的作用下会发生周期性涨落，其中月球的引潮力起主要作用。地球上大部分地方的海水每天出现 2 次高潮和 2 次低潮，这种潮汐称“半日潮”。

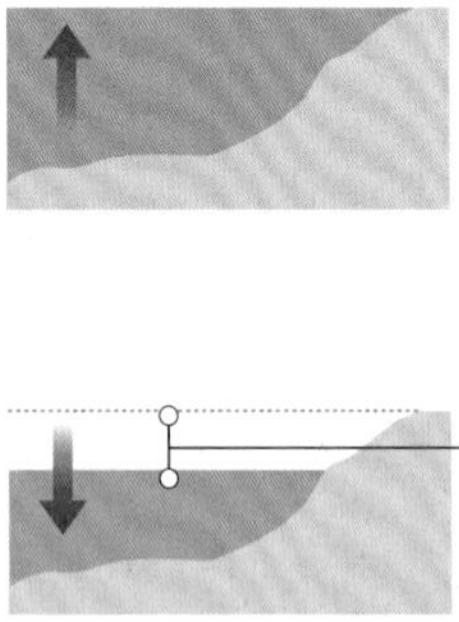

高潮
当地球上某处的海水向着和背着月球时，引力和离心力分别起主导作用，都会出现高潮，因此这一海区每天出现 2 次高潮。

潮差
潮差是指在 1 个潮汐周期内最高潮位和最低潮位之间的高度差。一般平均潮差在 3 米以上才有实用价值，因此可建潮汐电站的地点是有限的。

低潮
2 次高潮对应 2 次低潮。

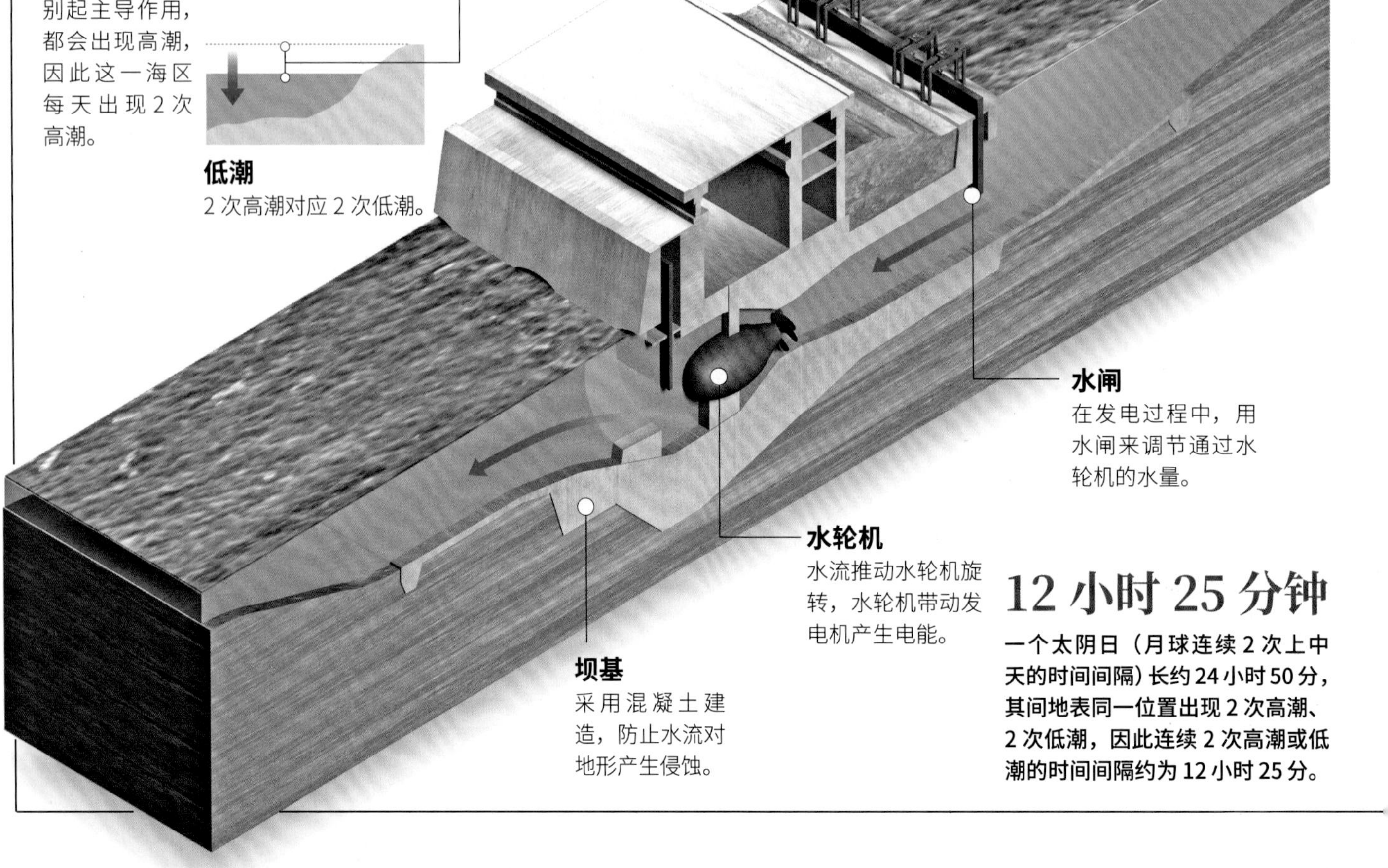

水闸
在发电过程中，用水闸来调节通过水轮机的水量。

水轮机
水流推动水轮机旋转，水轮机带动发电机产生电能。

坝基
采用混凝土建造，防止水流对地形产生侵蚀。

12 小时 25 分钟

一个太阴日（月球连续 2 次上中天的时间间隔）长约 24 小时 50 分，其间地表同一位置出现 2 次高潮、2 次低潮，因此连续 2 次高潮或低潮的时间间隔约为 12 小时 25 分。

潮汐电站
水轮机设在潮汐电站内部，带动发电机工作。

拦水坝
横跨入海口或海湾两岸，在涨潮时留住海水。

拦水坝的位置

拦水坝需要建在河流流入大海的入海口或者狭窄的海湾，即那些拥有超过潮汐发电所需的平均潮差的位置。

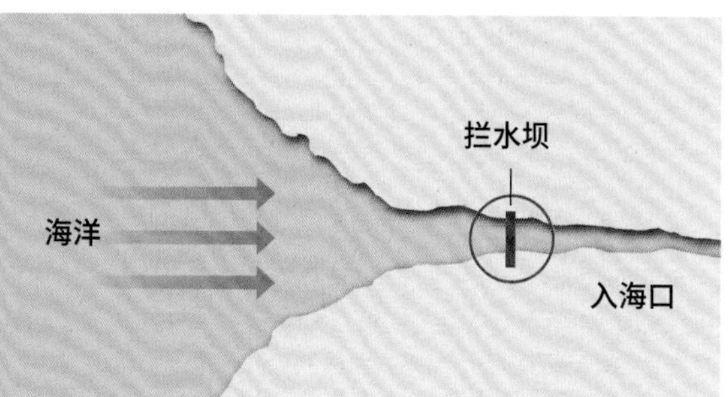

变电站
在输电前，变电站提高送电的电压。

高压电网
高压电网将电能输送到用电地区。

发电

根据运行方式和设备要求的不同，潮汐电站可以分为单库单向型（只建有 1 个水库，只在涨潮或落潮时发电）、单库双向型（只建有 1 个水库，在涨潮和落潮时均可发电）、双库双向型（建有 2 个水库，可实现全天发电），下面介绍在落潮时发电的单库单向型潮汐电站的工作过程。

24 万千瓦

这是法国朗斯潮汐电站的装机容量，自 1967 年建成以后，它曾在数十年中都是世界上最大的潮汐电站。

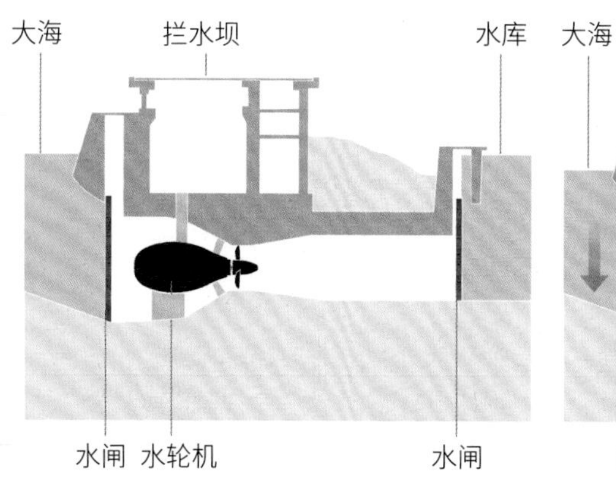

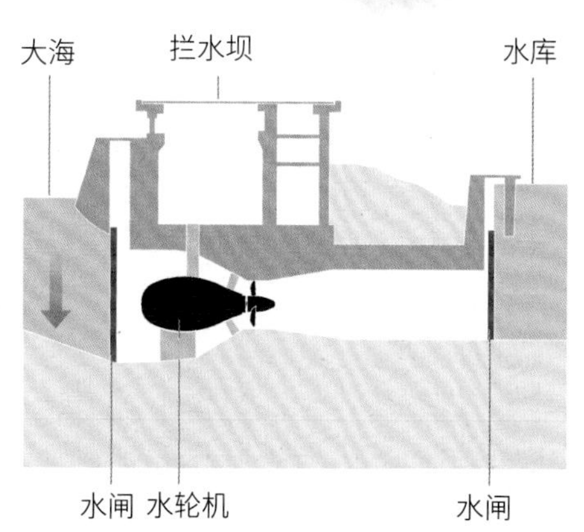

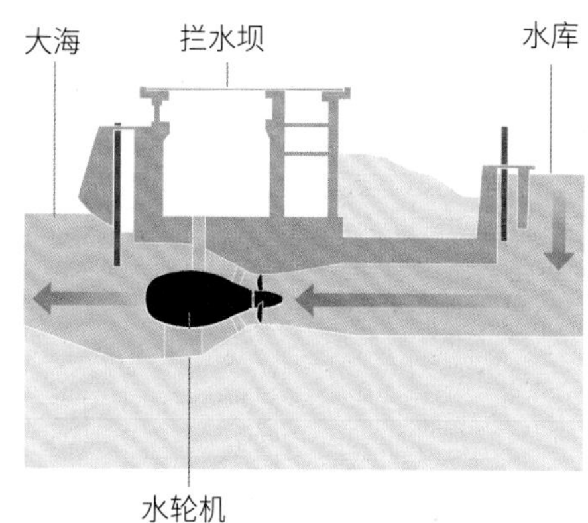

1. 当海水上涨到与水库低水位齐平时，打开闸门，开始蓄水；当水库水位上升到与海水高水位齐平时，关闭闸门。
2. 此后海水水位下降，水库水位与海水水位的差值逐渐变大，闸门保持关闭。
3. 当二者水位差达到水轮机发电需求时，打开闸门，启动水轮机，水库的水流入大海。

氢 能

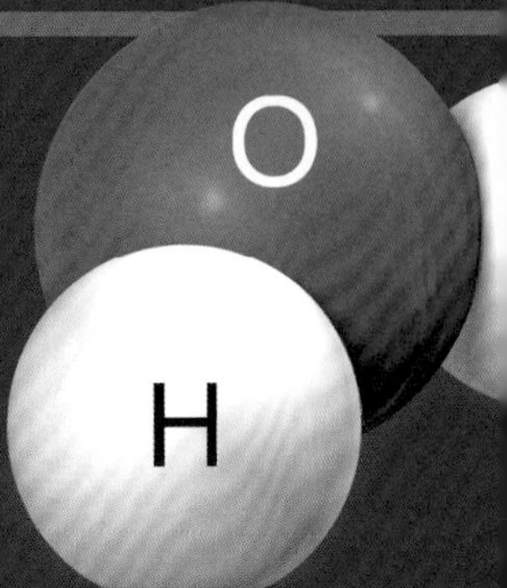

有些人认为氢能是未来能源，并且预测，短期内氢就将替代化石燃料，获得广泛应用。氢与氧结合会释放出能量，这种能量可用来进行发电。氢能的优点是在使用过程中无污染（副产品是水）并且无穷无尽，它的缺点包括制取过程需要消耗化石燃料或大量电能，储存和运输过程比常规能源更困难，以及安全性问题等。

氢燃料电池

燃料电池是将燃料的化学能直接转化为电能的化学电源，氢燃料电池的燃料是氢，发动机则将电能转换为机械能。

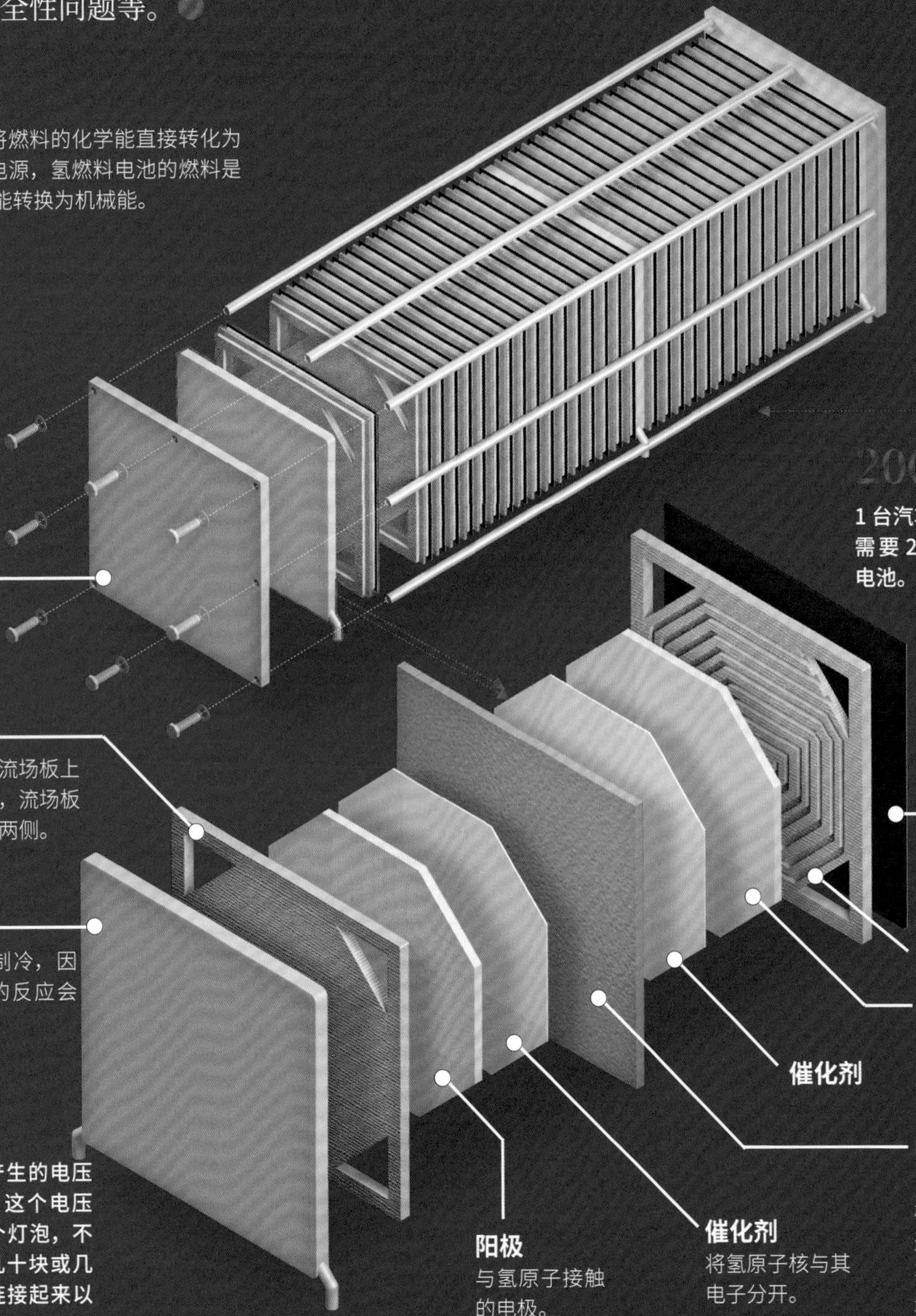

O

H

氢燃料电池系统

200 块

1 台汽车发动机一般需要 200 块氢燃料电池。

流场板
氢和氧通过各自流场板上的通道进行循环，流场板位于电解质膜的两侧。

冷却单元
冷却单元进行制冷，因为电池内发生的反应会产生热量。

分离器

流场板

阴极
与氧原子接触的电极，也是水形成的地方。

催化剂

电解质膜
电解质膜是氢原子核在到达阴极前经过的单元，但电子不能通行，它们通过外电路到达阴极。

催化剂
将氢原子核与其电子分开。

阳极
与氢原子接触的电极。

0.7 伏特

每块氢燃料电池产生的电压大约是 0.7 伏特，这个电压只能勉强点亮 1 个灯泡，不过，可以通过将几十块或几百块氢燃料电池连接起来以提高电压。

最清洁的汽车

氢燃料汽车的速度可达 160 千米/时，续航里程可达数百千米，根据使用压缩氢或液态氢而有所不同。

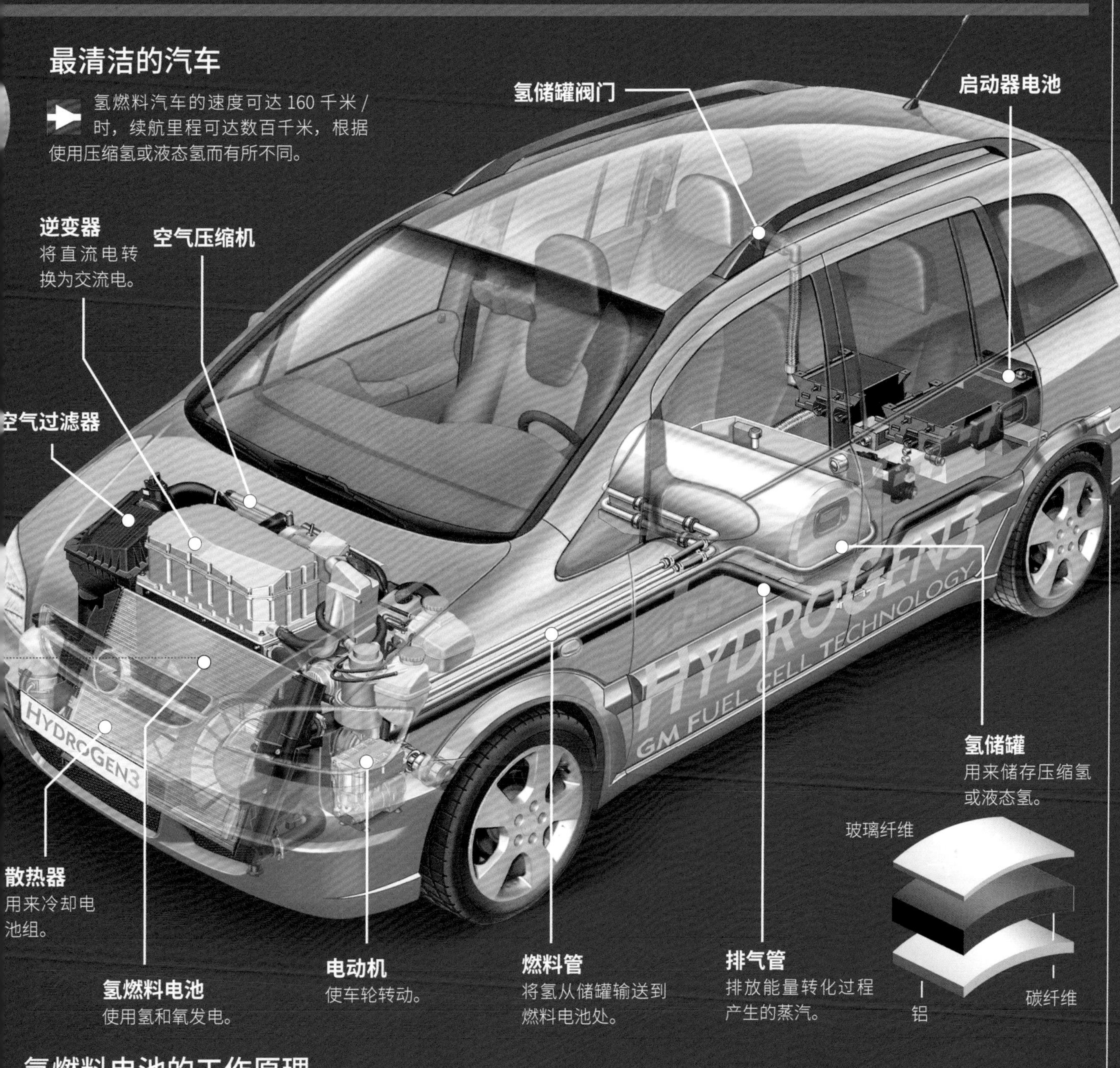

氢燃料电池的工作原理

氢燃料电池利用氢氧结合形成水的过程释放出来的能量发电。

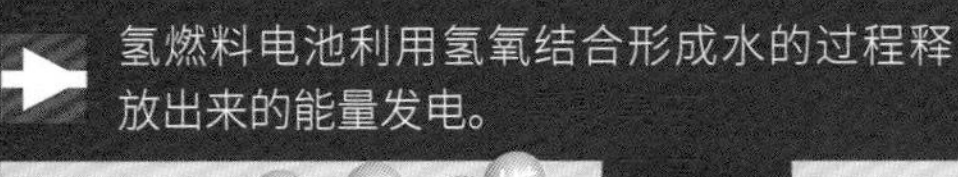

1 氢聚集在阳极，氧聚集在阴极。催化剂将氢中的电子与氢原子核分开。

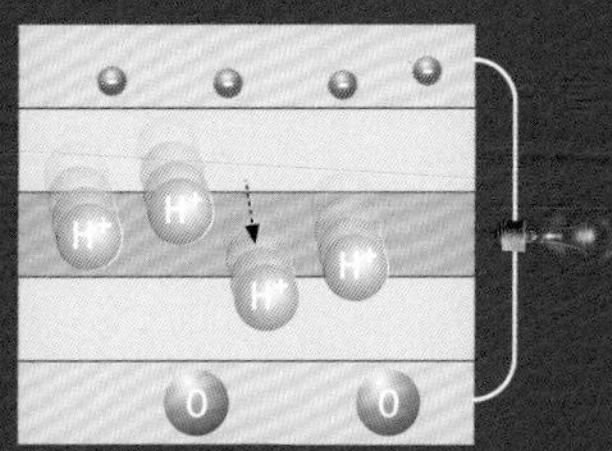

2 氢原子核穿过电解质膜。

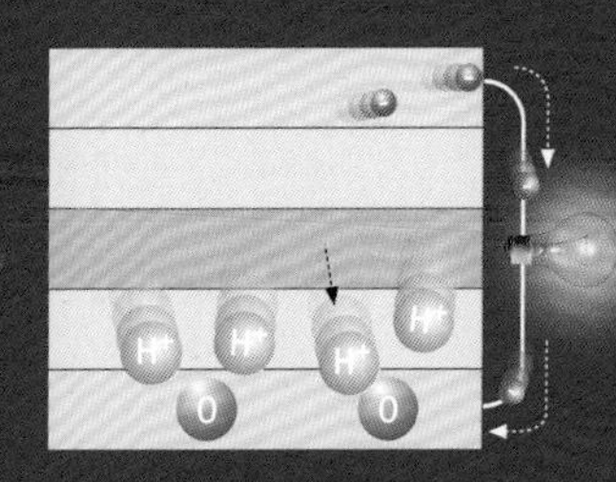

3 电子不能穿过电解质膜，它们经由外电路到达阴极，从而产生电流。

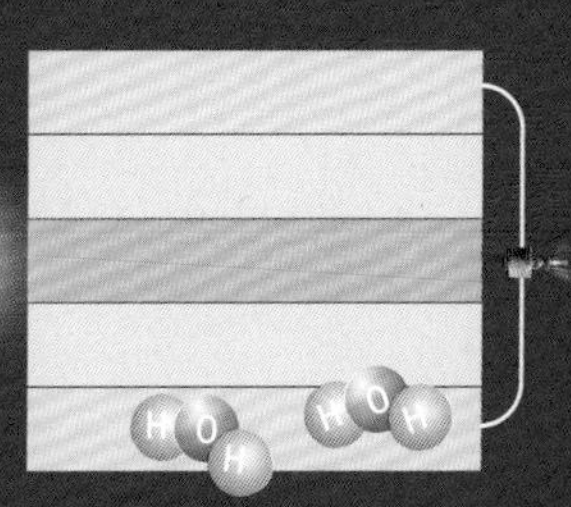

4 此过程的副产品是水*。只要保持燃料供应，反应就会持续。

*这里的工作原理仅为简单示意，并未详细展示阴极的反应过程。

术 语

γ 射线

放射性同位素发生 γ 衰变时从核内发射的射线。γ 射线能量高，穿透性强，在医学上可以用于治疗肿瘤，在工业上可用于对零件进行探伤。

安培

电流单位，国际单位制中的基本单位之一，简称安，用字母 A 表示。它的定义为：在真空中，截面积可忽略的 2 根相距 1 米且无限长的平行圆直导线内通过一恒定电流，当 2 根导线每米长度之间产生的力为 2×10^{-7} 牛顿时，则每根导线中的电流为 1 安培。

保险丝

安装在电路中的一种容易熔断的金属丝或金属条。当电流超过规定值时，其产生的热量使自身熔断，电路随即断开，起到保护电器的作用。

比特

计算机里的信息以二进制形式存储，二进制数中的 1 位包含的信息称为 1 比特。

丙烷

丙烷是一种无色无臭的气体，属于脂肪烃，分子式为 C_3H_8，主要用作燃料。在化学工业中，它是合成丙烯的原料。丙烷还可用作制冷剂和气溶胶喷射剂。

波动

将介质中某一点的扰动传播到此介质中较远处各点的运动，此运动仅传输能量而不传输物质。

超材料

具有人工设计的结构并呈现出天然材料所不具备的超常物理性质的复合材料。

齿轮

一种有齿的机械元件，能够相互啮合从而传递运动和动力。按外形可分为圆柱齿轮、圆锥齿轮、非圆齿轮、齿条等，按齿线形状可分为直齿轮、斜齿轮等。

磁偏角

磁子午线和地理子午线之间的夹角。

催化剂

能改变化学反应的速率而本身的量和化学性质并不改变的物质。

导体

存在大量可自由移动的带电粒子、易于传导电流的物质。

等离子体

由电子、离子和未电离的中性粒子组成的体系。气态物质在温度极高时部分电离，形成等离子体。

地热能

地球内部隐藏的能量，是驱动地球内部热过程的动力源，其热能以热传导形式向外输送。

电

与电荷和电流有关的现象。电学是物理学分支，研究各种电现象。

电磁感应

当穿过闭合回路的磁通量发生变化时，回路中会产生感应电动势（电压），当回路是导体回路时，会产生感应电流。迈克尔 · 法拉第对此开展了实验研究。电磁感应现象的发现具有划时代意义，发电机便是根据电磁感应原理制成的。

电动机

将电能转化为机械能的机器，可以由直流电或交流电供电。

电解池

由电极和电解质溶液组成的用于进行电解反应的装置，电解质可以是酸、碱或盐。

电阻率

表征物质导电性的参数，它是电导率的倒数。电阻率越大，导电性越差。

动力学

力学的分支学科，研究物体机械运动与受力之间的关系。

动能

物体做机械运动所具有的能量。

发电机

利用机械能产生电能的机器。

风能

空气流动所产生的动能。

伏特

国际单位制中电位、电位差（电势差）、电压的导出单位，简称伏，符号为 V。当通过导线的电流为 1 安培，而导线中某两点之间消耗的功率为 1 瓦特时，两点之间的电位差为 1 伏特。它还可以定义为诸如“将 1 库伦电荷从一点移动到另一点需要做 1 焦耳功”时两点之间的电位差。

杠杆

最简单的机械之一。杠杆可以利用支点将力放大，使人们用相对较小的力就能提起重物。

氦

一种化学元素，原子序数是 2，元素符号是 He。氦气具有稀有气体的特性：不活泼（不易发生化学反应）、单原子、无色、无味。氦气是自然界中最难液化的气体，也是唯一不能在常压下固化的物质。在一些天然气藏中，氦气大量存在，足够开采利用。氦气可用于填充气球或小型飞艇，或作为低温超导材料的液体制冷剂，以及用于为进行深海作业的潜水员配制所需的呼吸气体。

核裂变

当原子核分裂成2个或多个更小的原子核时，就产生了核裂变。核裂变还产生几种其他产物，如自由中子和光子。核裂变过程释放大量的能量，通常是以 γ 射线的形式释放。可以通过几种方法来诱导核裂变，包括使用另一种能量适中的粒子（通常是自由中子）来轰击可裂变的原子核。原子核吸收了这个粒子，变得不稳定。此过程产生的能量比化学反应释放的能量大许多。

核能

原子核内部结构发生变化而释放的能量，可分为裂变能、聚合能、衰变能。

赫兹

频率的单位，简称赫，负号为 Hz，用来计量每秒内周期性变动重复的次数。

化学键

分子或原子团中，各原子之间因电子配合关系而产生的相互作用，或者说相邻的 2 个或多个原子之间比较强烈的结合力。

碱

通常用其狭义的含义，即在水溶液中电离时释放出的阴离子全部是氢氧根离子的物质。常说的 pH 值的概念既用于酸，也用于碱。

碱金属

元素周期表中第 1 族除氢以外的元素，化学性质活泼。其单质均为银色金属，熔点、沸点、硬度均较低，其氢氧化物均为溶于水的强碱。它们的价层中仅有 1 个电子，这个电子易于失去，形成单电荷离子。

交流发电机

交流发电机是一种利用电磁感应产生交流电、把机械能转化为电能的机器。

焦耳

能量和功的单位，简称焦，符号为 J，定义是用 1 牛顿的力使物体在力的方向上产生 1 米位移所做的功。在电学中，1 焦 =1 瓦 · 秒，即 1 安培电流通过 1 欧姆电阻在 1 秒内释放的能量。

聚氨基甲酸酯

简称聚氨酯，是以氨基甲酸酯基为结构特征基团的一类聚合物，可用于生产塑料、橡胶、黏合剂等多种材料。聚氨酯燃烧会生成氢氰酸（氰化氢）等有毒物质，对人体危害很大。

聚合物

成千上万个较小单体通过一种被称为聚合的过程连接而成的高分子化合物。

可熔性

物体通过加热可以从固体变成液体的属性。

空气动力学

空气动力学是流体力学的分支，研究当物体和周围空气或其他气体之间存在相对运动时，它们之间的相互作用。空气动力学是在理论和实验结合的过程中发展出来的，风洞是进行空气动力学实验的代表性设备，它在按要求设计的管道内，产生可控制参数的人工气流。

库仑

当导线中通有 1 安培的电流时，1 秒内通过导线横截面的电量为 1 库伦。1 库伦等于 1 个电子携带电量的 6.24×10^{18} 倍。

煤

黑色或褐色的固体可燃矿产，由古代植物遗体在地下经成煤作用转变而成。一般认为，大部分煤形成于石炭纪（3.6亿~2.9亿年前）。

纳米管

直径为纳米级的管状物，例如碳纳米管由石墨片层卷曲而成。

牛顿

力的单位，简称牛，符号为 N，定义是使质量为 1 千克的物体获得 1 米 / 秒 ^{2} 的加速度所需要的力。

气球

一种飞行设备，配有 1 个乘客舱和 1 个由轻质、密封材料制作的气囊。气囊近似于球形，当对其填充比空气密度低的气体时，会产生升力。

氢

一种化学元素，原子序数为 1，元素符号是 H。室温状态下，氢气是一种无色、无味的可燃气体。氢是宇宙中最轻、最丰富的化学元素。大多数恒星在其大部分生命周期中，都主要是由等离子态的氢构成的。此外，许多物质中也含有氢，包括水和多种有机化合物。氢能够与大多数元素发生反应。

轻子

一类基本粒子，目前认为它们没有内部结构，与夸克家族处于同一层次。电子、正电子和中微子都属于轻子。

热对流

热对流是热传递的 3 种形式之一，只在流体间产生。当流体被加热时，密度会变低，并膨胀上升。被加热的流体上升时，其位置又被较低温度的流体替代，较低温度的流体也依次被加热，这样，这种循环就反复进行。

热力学

物理学的分支学科，从能量转化的角度研究宏观系统的热性质。它与统计力学关系密切，从统计力学中可以推导出许多热力学关系。热力学在宏观层面上研究物理体系，而统计力学则趋向于在微观层面上进行表述。

热盐环流

海洋中纯粹由水温和盐度分布差异引起的大尺度环流。

水轮机

利用流动的水的能量的涡轮机。

水能

天然水体中蕴藏的能量，包括势能、压能和动能。

水听器

用于接收水声信号的电声换能器，类似于在空气中使用麦克风。水听器也可用作发射器，但不是所有的水听器都有此功能。地质学家和地球物理学家使用水听器监测地震活动。

酸

通常用其狭义的含义，即在水溶液中发生电离时产生的阳离子全部是氢离子的物质。酸的水溶液的 pH 值小于 7。

太阳能

由太阳内部核聚变产生、以电磁辐射形式释放的能量。

太阳能电池

吸收太阳能并将其转化为电能的装置。

同素异形体

由同种元素组成的结构不同的单质，例如，氧能够以氧气或臭氧的形式存在。还有其他例子，如磷能够以红磷或白磷的形式存在，碳能够以石墨或金刚石的形式存在。由于结构不同，同素异形体的性质有差异，主要体现在物理性质的差异。

同位素

在元素周期表上，每种化学元素的所有同位素都被归类在同一个位置上。同位素用元素名称后加质量数表示，通常用连字符隔开（如碳 -14、铀 -238 等）。

瓦特

功率的单位，简称瓦，符号为 W，1 瓦 =1 焦 / 秒。如用电学的单位表示，1 瓦 =1 伏 · 安。

涡轮机

利用流体冲击叶轮转动从而产生动力的发动机，根据流体的不同可分为水轮机、汽轮机等。

线圈

线圈通常指呈环形的导线绕组。

硝化甘油

又称硝酸甘油，常温下为无色或淡黄色的黏稠液体，不稳定，在受热或受撞击时容易发生爆炸，是一种强烈的炸药。医学上，硝化甘油用作血管扩张药，治疗冠状动脉供血不足、急性心肌梗死和充血性心力衰竭，常通过舌下给药或静脉滴注的方式使用。

液压泵

将机械能转化为液压能的装置，常见的种类有齿轮泵、柱塞泵、叶片泵。

液压马达

将液压能转化为机械能的装置。

引力

有质量的物体之间存在的相互吸引的力。它是自然界中已知的 4 种基本力之一，也是其中最弱的一种。

原子弹

通过核裂变过程释放出大量能量从而产生巨大破坏力的炸弹。

沼气

沼气是生物分解过程的气态副产品，由多种气体混合而成，混合物中各种气体的比例取决于原料的成分和反应条件。

折射

光线从一种介质进入另一种介质时，由于速度发生变化而引起的光线偏折现象。

真空泵

通过机械、物理、化学或者物理化学等手段抽出指定空间中的气体以获得真空的装置。

振动

物体通过其平衡位置所做的往复运动，或者某一物理量在其平衡值附近反复变动。

直流发电机

将机械能转化为直流电的发电机。

质量

是物质的量的量度，也是量度物体惯性大小的物理量。

质子

带有与电子等量但符号相反的电荷的亚原子粒子，其质量是电子的 1 836 倍。粒子物理学的一些理论推测，虽然质子很稳定，但也会衰变，半衰期的下限约为 10^{35} 年。质子与中子统称核子，它们构成原子核。

中子

不带电荷，质量略大于质子。

重子

重子是由 3 个夸克组成的强子，这 3 个夸克通过强核力黏合在一起。质子和中子都属于重子。

Photo Credits: Age Fotostock, Getty Images, Science Photo Library, Graphic News, ESA, NASA, National Geographic, Latinstock, Album, ACI, Cordon Press
Illustrators: Sebastián D'Aiello, Nicolás Diez, Gonzalo J. Diez

江苏省版权局著作权合同登记 10-2021-101 号

图书在版编目（CIP）数据

能量与运动 / 西班牙 Sol90 公司编著；李莉，朱建廷译 .— 南京：江苏凤凰科学技术出版社，2023.5（2023.7 重印）
（国家地理图解万物大百科）
ISBN 978-7-5713-3253-2

Ⅰ.①能… Ⅱ.①西… ②李… ③朱… Ⅲ.①能－普及读物 Ⅳ.① O31-49

中国版本图书馆 CIP 数据核字 (2022) 第 199877 号

国家地理图解万物大百科　能量与运动

编　　著	西班牙 Sol90 公司
译　　者	李　莉　朱建廷
责任编辑	杨嘉庚
责任校对	仲　敏
责任监制	刘文洋
出版发行	江苏凤凰科学技术出版社
出版社地址	南京市湖南路 1 号 A 楼，邮编：210009
出版社网址	http://www.pspress.cn
印　　刷	苏州工业园区美柯乐制版印务有限责任公司
开　　本	889mm × 1 194mm　1/16
印　　张	6
字　　数	200 000
版　　次	2023 年 5 月第 1 版
印　　次	2023 年 7 月第 3 次印刷
标准书号	ISBN 978-7-5713-3253-2
定　　价	40.00 元

图书如有印装质量问题，可随时向我社印务部调换。